中华文化风采录

美好生活品质

美丽的服装

徐雯茜 ◎ 编著

北方妇女儿童出版社
·长春·

图书在版编目(CIP)数据

美丽的服装 / 徐雯茜编著. 一长春: 北方妇女
儿童出版社，2017.5（2022.8重印）
　（美好生活品质）
　ISBN 978-7-5585-1053-3

　Ⅰ. ①美… Ⅱ. ①徐… Ⅲ. ①民族服饰－介绍－中
国 Ⅳ. ①TS941.742.8

中国版本图书馆CIP数据核字(2017)第103430号

美丽的服装

MEILI DE FUZHUANG

出 版 人	师晓晖	
责任编辑	吴　桐	
开　　本	700mm×1000mm　1/16	
印　　张	6	
字　　数	85千字	
版　　次	2017年5月第1版	
印　　次	2022年8月第3次印刷	
印　　刷	永清县晔盛亚胶印有限公司	
出　　版	北方妇女儿童出版社	
发　　行	北方妇女儿童出版社	
地　　址	长春市福祉大路5788号	
电　　话	总编办：0431-81629600	

定　　价	36.00元

习近平总书记说："提高国家文化软实力，要努力展示中华文化独特魅力。在5000多年文明发展进程中，中华民族创造了博大精深的灿烂文化，要使中华民族最基本的文化基因与当代文化相适应、与现代社会相协调，以人们喜闻乐见、具有广泛参与性的方式推广开来，把跨越时空、超越国度、富有永恒魅力、具有当代价值的文化精神弘扬起来，把继承传统优秀文化又弘扬时代精神、立足本国又面向世界的当代中国文化创新成果传播出去。"

为此，党和政府十分重视优秀的先进的文化建设，特别是随着经济的腾飞，提出了中华文化伟大复兴的号召。当然，要实现中华文化伟大复兴，首先要站在传统文化前沿，薪火相传，一脉相承，弘扬和发展5000多年来优秀的、光明的、先进的、科学的、文明的和自豪的文化，融合古今中外一切文化精华，构建具有中国特色的现代民族文化，向世界和未来展示中华民族具有独特魅力的文化风采。

中华文化就是中华民族及其祖先所创造的、为中华民族世世代代所继承发展的、具有鲜明民族特色而内涵博大精深的优良传统文化，历史十分悠久，流传非常广泛，在世界上拥有巨大的影响力，是世界上唯一绵延不绝而从没中断的古老文化，并始终充满了生机与活力。

浩浩历史长河，熊熊文明薪火，中华文化源远流长，滚滚黄河、滔滔长江是最直接的源头，这两大文化浪涛经过千百年冲刷洗礼和不断交流、融合以及沉淀，最终形成了求同存异、兼收并蓄的辉煌灿烂的中华文明。

中华文化曾是东方文化的摇篮，也是推动整个世界始终发展的动力。早在500年前，中华文化催生了欧洲文艺复兴运动和地理大发现。在200年前，中华文化推动了欧洲启蒙运动和现代思想。中国四大发明先后传到西方，对于促进西方工业社会形成和发展曾起到了重要作用。中国文化最具博大性和包容性，所以世界各国都已经掀起中国文化热。

中华文化的力量，已经深深熔铸到我们的生命力、创造力和凝聚力中，是我们民族的基因。中华民族的精神，也已深深根植于绵延数千年的优秀文化传统之中，是我们的精神家园。但是，当我们为中华文化而自豪时，也要正视其在近代衰微的历史。相对于5000年的灿烂文化来说，这仅仅是短暂的低潮，是喷薄前的力量积聚。

中国文化博大精深，是中华各族人民5000多年来创造、传承下来的物质文明和精神文明的总和，其内容包罗万象，浩若星汉，具有很强的文化纵深感，蕴含丰富的宝藏。传承和弘扬优秀民族文化传统，保护民族文化遗产，已经受到社会各界重视。这不但对中华民族复兴大业具有深远意义，而且对人类文化多样性保护也是重要贡献。

特别是我国经过伟大的改革开放，已经开始崛起与复兴。但文化是立国之根，大国崛起最终体现在文化的繁荣发展上。特别是当今我国走大国和平崛起之路的过程，必然也是我国文化实现伟大复兴的过程。随着中国文化的软实力增强，能够有力加快我们融入世界的步伐，推动我们为人类进步做出更大贡献。

为此，在有关部门和专家指导下，我们搜集、整理了大量古今资料和最新研究成果，特别编撰了本套图书。主要包括传统建筑艺术、千秋圣殿奇观、历来古景风采、古老历史遗产、昔日瑰宝工艺、绝美自然风景、丰富民俗文化、美好生活品质、国粹书画魅力、浩瀚经典宝库等，充分显示了中华民族厚重的文化底蕴和强大的民族凝聚力，具有极强的系统性、广博性和规模性。

本套图书全景展现，包罗万象；故事讲述，语言通俗；图文并茂，形象直观；古风古雅，格调温馨，具有很强的可读性、欣赏性和知识性，能够让广大读者全面触摸和感受中国文化的内涵与魅力，增强民族自尊心和文化自豪感，并能很好地继承和弘扬中国文化，创造未来中国特色的先进民族文化，引领中华民族走向伟大复兴，在未来世界的舞台上，在中华复兴的绚丽之梦里，展现出龙飞凤舞的独特魅力。

初始形制——上衣下裳

融合发展——服装成制

变革创新——服装风格

创造高峰——艺术之美

我国的服装历史可追溯至黄帝时期，后来考古发现的实物也证明其历史的久远。夏商时的服装制度已初见端倪，至周代渐趋完善，并被纳入礼制的范畴，当时的服装依据穿着者的身份、地位而有所不同。

在春秋时期，出现一种名为深衣的新型连体服装。深衣的出现，改变了过去单一的服装样式，因此深受人们的喜爱。

在战国时期，胡服的诞生打破了服装的旧样式。胡服的短衣、长裤和革靴设计，利于骑射，便于活动，广泛流行，因此，"胡服骑射"成为佳话。

黄帝开创上衣下裳

　　传说在那远古部落林立的时期，在陕北的黄土高原上，有两个非常强大的部落联盟。这两个部落联盟的首领，一个叫神农氏，被后世称为炎帝；一个叫轩辕氏，被后世称为黄帝。

黄炎结盟图

■ 涿鹿之战壁画

　　在向东迁移扩张的时候，炎帝族遇到了居于今豫东、苏北一带的另一个部落联盟的首领蚩尤，双方发生了争斗。由于蚩尤族力量非常强大，炎帝便求助于黄帝。于是，黄帝调集人马，与蚩尤于涿鹿决战，最后打败了蚩尤，从此天下太平。

　　在那个时候，人们为了抵御寒冷、遮蔽风雨及烈日的曝晒，也为了蔽挡虫兽的袭击，就用树叶、树皮、葛麻、兽皮等遮裹身躯。

　　黄帝看到人们所穿的"衣服"，在行走奔跑时常会将私处暴露无遗，便别出心裁，教人们把裹身的兽皮、葛麻分成上下两部分：上身为"衣"，缝制袖筒，呈前开式，下身为"裳"，前后各围一片用于遮蔽之用，两端开衩，便于行走。

　　黄帝制作"衣服"最初是为了遮护私处，强调了

部落联盟 是原始社会后期形成的部落联合组织。据史书《史记·五帝本纪》记载，黄帝在同蚩尤作战时，曾训练熊、罴、貔、貅、䝙、虎6种野兽参加战斗，实际上这是用6种野兽命名的6个氏族，他们组成了一个部落联盟。部落联盟为后来国家的出现准备了条件。

它的遮羞功能，这是华夏文明的巨大进步。这种上衣下裳的形制是实用与审美的有机结合，结束了过去只为取暖的单一状态，成为我国上古时期服装形制的发端。

随着服装形制的初步形成，黄帝又命元妃嫘祖教人们养蚕。那时人们还不知道蚕的用处，所以养蚕的人不多，嫘祖就先从种桑、喂蚕开始，然后再教大家缫丝、织帛等过程和方法。这样人们织出的帛比麻布光滑细润，再染上颜色，做成衣裳，光华夺目，人人爱慕。

随着养蚕织帛的人越来越多，服装的质料也逐渐完成了以纺织品替代兽皮、树叶等的过渡，开始了人类生活的文明进步。

在黄帝时期，人们对神秘莫测的自然现象还无法做出合理的解释，因而出现了对自然崇拜的现象。受

乾坤 《周易》中的两个卦名，指阴阳两种对立势力。阳性的势力叫乾，乾之象为天；阴性的势力叫坤，坤之象为地。《易·系辞上》认为，乾卦通过变化来显示智慧；坤卦通过简单来显示能力。把握变化和简单，就把握了天地万物之道。古人便是以此来研究天地、万物、社会、生命和健康的。

美丽的服装

■ 黄帝画像

■ **嫘祖** 传为西陵氏之女，西陵氏部族位于后来的河南西平。她是传说中北方部落首领黄帝轩辕氏的元妃。嫘祖首创种桑养蚕之法和抽丝织绢之术。在司马迁的《史记》中提到黄帝娶西陵氏之女嫘祖为妻，说她发明了养蚕，称为"嫘祖始蚕"。

这一因素的影响，当时服装色彩及纹饰大多参照大自然中的一些现象而绘制图案，比如彩虹、日、月等。

我国古代哲学书籍《易·系辞下》中记载，黄帝"垂衣裳而天下治，盖取诸乾坤"。这里"乾"指天，"坤"则指地。天际在未明时色玄，即黑色。大地的表面色黄，古人以上衣、下裳象征天和地。衣用玄色，裳用黄色，并绘以自然界日月山川及鸟兽虫草之纹的服装，在当时已经流行开了。

除了黄帝创制上衣下裳的传说外，后来的考古发现也为我国服装的起源和发展提供了实物旁证。

北京周口店山顶洞人遗址中出土的骨针实物，以及其他地区骨锥、骨针的陆续发现证明，在距今约1.8万年前，我国古代先民已初步掌握了缝缀的技能。他们用锐利的石器、骨角将兽皮分割，按身体基形，再用磨制的骨锥、骨针进行简单的拼合缝纫，制作各种较为合体的衣装。

随着我国原始缝纫技术的出现，先民们的穿着水

石器 指以岩石为原料制作的工具，它是人类最初的主要生产工具，盛行于人类历史的初期阶段。从人类出现到青铜器出现前，共经历了二三百万年，属于原始社会时期。根据不同的发展阶段，又可分为旧石器时代和新石器时代。

美丽的服装

■ 原始人制作衣服画面

平进入了一个新的发展阶段，同时增强了对自然的适应能力和斗争能力，扩大了活动区域，也相应地促进了生产的发展。

在原始社会后期，我国先民逐步从狩猎进入渔猎、畜牧和农业阶段。他们在长期利用野生植物纤维、兽毛编织物的基础上，发明了纺织的原始工具，比如陶和石制纺轮，并利用麻、葛及畜毛纤维织布，取矿物、植物颜料染色，制作简单的服装。

在我国仰韶文化时期的河南三门峡庙底沟、西安半坡遗址中发掘出土的陶器底部，都曾发现麻布痕迹，其布纹组织每平方厘米已有经纬10根左右。这些实物为探究当时的纺织和衣着水平提供了依据。

原始纺织的出现，从根本上改变了我国先民的衣着状况，为服装形式逐渐完善奠定了基础。

仰韶文化是黄河中游地区重要的新石器时代的一种彩陶文化。因1921年在河南省三门峡市渑池县仰韶村被发现，故被命名为仰韶文化。仰韶文化以河南为中心，东起山东，西至甘肃、青海，北到内蒙古河套地区及其长城一线，南抵江汉。后来在我国又发现了上千处仰韶文化的遗址。

养蚕、缫丝、织绸是我国先民对服装发展所做出的世界性贡献。我国先民利用蚕丝纺织衣料，距今已有近5000年的历史，育蚕取丝的历史则更早。

在浙江吴兴钱山漾遗址中，出土了一批距今4700年前的丝带、丝帛等织物，是迄今所见到的年代最早的丝织品实物。丝织物柔软、轻盈，并富有光泽，它的出现改善了服装的性能，极大丰富了我国先民的衣料构成，也增添了服装的美感。

随着上衣下裳的形成，与此相应的首服及足装也逐渐出现了。首服就是帽子，它源于防寒避暑的需要。在当时，人们用枝叶编环遮头，后来又利用兽皮、织物缝合成圆形的帽子。原始足装的形成，最初用于御寒及减轻行走时的阻碍，当时以兽皮裹足为主。首服和足装同样对后世的衣着产生了深远影响。

黄帝开创上衣下裳的形制，推进了华夏文明的历史进程。后来考古发现证明，原始衣式从整片的披围到依体简单缝缀成形，经历了一个由简至繁的逐步发展过程，同时也是人类文明的发展过程。

阅读链接

相传，古时炎帝的形象是：身着红色襦，胳膊上戴有形似臂箍的东西，小腿上着绑腿，头戴鸟羽帽，手执农具，俨然是一幅农人的画像。炎帝和黄帝本为兄弟，只是分别治理不同的地域而已。家族的第一原则就是合族，所以，黄帝在涿鹿打败蚩尤后，炎帝的小宗就归到了黄帝的大宗。

黄帝和炎帝两大部落联盟合在一起，共同形成了华夏族，因而黄帝和炎帝被视为华夏民族共同的祖先，称为"人文始祖"，继而我们中国人都自称是"炎黄子孙"。

夏商周服装赋予礼制内容

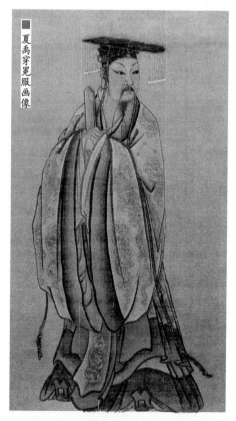

夏禹穿冕服画像

黄帝时期上衣下裳的形制发展到夏商周时期，在继承前代的基础上各有变革和发展。由于这一时期政治、伦理思想的产生及日益丰富，服装也被赋予了强烈的阶级意识，体现了"礼"的重要内容。

我国古代奴隶社会把国王称作"天子"，以国王的冕服为中心的章服制度逐步形成、发展和完备起来。据我国儒家经典著作《论语》记载："禹，吾无间然矣……恶衣服而致美乎黻冕。"大致的意思是说，夏禹平时生活节俭，但在祭祀时，则穿华美的礼服，以表示对神

■ 北周武帝穿冕服
雕像

的崇敬。

国王有至高无上的权力。在殷墟甲骨文中，有王、臣、牧、奴、夷、王令等文字，表示阶级等级制度已经形成。据我国最早的史书《尚书·商书·太甲》记载："伊尹以冕服，奉嗣王归于亳。"意思是说，曾辅佐商汤王建立商朝的贤相伊尹戴着礼帽，穿着礼服，迎接嗣王太甲回到亳都。这说明当时奴隶主贵族要穿戴冕服举行重大的仪式。

以上两例史料说明，夏、商两代已有冕服。夏代的冕冠纯黑而赤，前小后大；商代的冕冠黑而微白，前大后小；周代的冕冠黑而赤，前小后大。这是后来的东汉文学家蔡邕在《独断》中的记载。

国王在举行各种祭祀时，要根据典礼的轻重，分别穿6种不同样式的冕服，总称六冕。所谓冕服，就

伊尹 名伊，一说名挚，夏末商初人。曾辅佐商汤王建立商朝，被后人尊为我国历史上的贤相，奉祀为"商元圣"，是历史上第一个以负鼎俎调五味而佐天子治理国家的杰出庖人。他创立的"五味调和说"与"火候论"，至今仍是我国饮食烹饪的不变之规。被誉为"帝王之师""中华厨祖"。

■ 周康王戴冕冠像

是由冕冠和礼服配成的服装。这6种不同样式的冕服是：大裘冕、衮冕、鷩冕、毳冕、絺冕和玄冕。

大裘冕是国王祭祀上天的礼服，衮冕是国王的吉服，鷩冕是国王祭祀先公与飨射的礼服，毳冕是国王祭祀四望山川的礼服，絺冕是国王祭祀社稷先王的礼服，玄冕是国王祭祀林泽等四方百物的礼服。大裘冕与中单、大裘、玄衣、纁裳配套，后五种与中单、玄衣、纁裳配套。

此外，六冕还与大带、革带、韨、佩绶、舄履等相配，并因穿着者身份地位的高低，在花纹等方面加以区别。

商周时期冕冠的形式，大体上是在一个圆筒式的帽卷上面覆盖一块冕板，或称为綖。冕板的尺寸有说宽8寸，长16寸的，也有说宽7寸，长12寸或宽6寸，长8寸的，以前一种说法较多。

冕板装在帽卷上，后面比前面应高出1寸，使之呈前倾斜之势，即有前俯之状，具有国王应关怀百姓的含义，冕的名称即由此而来。

冕板以木为体，上涂黑色象征天，下涂浅红色象征地。冕板前圆后方，也是天地的象征，前后各悬12旒，每旒贯12块五彩玉，按朱、白、苍、黄、玄的顺

玉笄 玉质的簪子，亦指玉饰的簪子。笄是古人用来绾发和连冠用的饰物，后世称为"簪"。玉笄是绾发用的细长尖头形玉器，有些上端有各色造型和纹饰。玉笄的用处是插入发髻，使其不会散开。男子的玉笄则兼有绾发、固冠双重作用。

次排列，每块玉之间距离各1寸，每旒长12寸。

冕冠的帽卷以木为骨架，后来改用竹丝，并且夏天用玉草，冬天用皮革，外裱黑纱，里衬红绢，左右两侧各开一个孔，用来穿插玉笄，使冕冠能与发髻相结合。

帽卷底部有帽圈，叫作"武"。从玉笄两端垂黈纩于两耳旁边，也有称它为"瑱"或"充耳"的说法，总之是表示国王不能轻信谗言。黈纩是由黄色丝绵做成的球状装饰。

至于冕冠的旒数，则按典礼轻重和穿着者的身份而定。按典礼轻重来分，天子祭祀天帝的大裘冕和天子吉服的衮冕用12旒；天子祭祀先公服鷩冕用9旒，每旒贯玉9颗；天子祭祀四望山川服毳冕用7旒，每旒贯玉7颗；天子祭祀社稷服絺冕用5旒，每旒贯玉5颗；天子祭四方百物服玄冕用3旒，每旒贯玉3颗。

按穿着者的身份地位分，只有天子的衮冕用12旒，每旒贯玉12颗。公、侯、伯、子、男、卿、大夫、三公则各有不同：公之服仅低于天子的衮冕，用9旒，每旒贯玉9颗；侯和伯只能服鷩冕，用7旒，每旒贯玉7颗；子和男只能服毳冕，

大夫 古代官名。西周以后先秦诸侯国中，在国君之下有卿、大夫、士三级。大夫世袭，有封地。后世遂以大夫为一般官职之称。秦、汉以后，中央要职有御史大夫，备顾问者有谏大夫、中大夫、光禄大夫等。至唐、宋尚有御史大夫及谏议大夫之官，至明、清时废止。

■ 周文王穿冕服画像

用5旒，每旒贯玉5颗；卿、大夫服玄冕，按官位高低玄冕又有6旒、4旒、2旒的区别，三公以下只有前旒，没有后旒。

地位高的人可以穿低于规定的礼服，而地位低的人不允许越位穿高于规定的礼服，否则就要受到惩罚。

这些冕冠的形制世代传承，历代皇帝不过是在承袭古制的前提下，加一些更改罢了。

周代国王的礼服除上述6种冕服之外，还有4种弁服，即用于视朝时的皮弁、兵事的韦弁、田猎的冠弁和士助君祭的爵弁。

皮弁为两手相合状，系白鹿皮所做的尖顶瓜皮帽，天子以五彩玉12块饰其缝中，白衣素裳，为天子在一般政事活动时所戴。韦弁赤色，配赤衣赤裳，晋代韦弁如皮弁，为尖顶式。冠弁就是委貌冠，也称皮冠，配缁布衣素裳。爵弁为无旒、无前低之势的冕冠，较冕冠次一等，配玄衣纁裳，不加章彩。

周代王后的礼服与国王的礼服相配衬，也像国王冕服那样分成6种规格，即儒家经典《周礼·天官》中记载的"袆衣、揄狄、阙狄、鞠衣、襢衣、褖衣"。其中前3种为祭服，袆衣是玄色加彩绘的衣服，揄狄青色，阙狄赤色，鞠衣桑黄色，襢衣白色，褖衣黑色。揄狄和阙狄是用彩绢刻成雉鸡之形，加以彩绘，缝于衣上作装饰。这6种衣服都用素纱内衣为配。

同时，王后的礼服不仅采用上衣与下裳不分的袍式，表示妇女感情专一，而且各自的头饰也是不同的，据《周礼·天

美丽的服装

■周代各类人物着装打扮

官》中记载："副、编、次、追、衡、笄"，其中以"副"最为贵重，其他次之。

除了冕服以外，商周时期还有一般性服装，它们是弁服、玄端、深衣、袍、裘和军戎服。

弁服是仅次于冕服的一种服饰，是天子视朝、接受诸侯朝见时穿的服饰。

弁服的形制与冕服相似，

最大不同是不加章。弁的形制上锐小，下广大，一若人的两手相合状。弁与冠自天子至士都得戴之，到周代，冕与弁遂分其尊卑，即冕尊而弁次之。

玄端为国家的法服，从天子到士大夫皆可穿，是天子平时穿戴的闲居之服。诸侯祭宗庙也穿玄端，大夫、士人早上入庙、叩见父母时也穿这种衣服。

玄端正幅正裁，玄色，无纹饰，因其端正，故名为玄端。诸侯的玄端与玄冠素裳相配，上士配素裳，中士配黄裳，下士配前玄后黄的杂裳，并用黑带佩系。

深衣是上衣与下裳连成一体的长衣服，但后来的儒家学者为了继承传统观念，按规矩在裁剪时仍把上衣与下裳分开来裁，然后又缝接成长衣，以表示尊重祖宗的法度。

深衣一般用白布制作，下裳用6幅，每幅又一分为二，共裁成12幅，以应每年有12个月的含义。这12幅有的是斜角对裁的，裁片一头宽一头窄。在裳的右后衽上，用斜裁的裁片缝接，接出一个斜三角形，穿的时候围绕于后腰上，称为"续衽钩边"。这种款式就像湖南长沙马王堆1号汉墓出土的那种"曲裾"袍的样子，但具体的裁法和书上的说法也不一致。据《深衣篇》记载，深衣是君王、诸侯、文臣、武将、士大夫都能穿的，诸侯在参加除夕祭祀时就不穿朝服而穿深衣。

按照儒家理论，深衣袖圆似规，领方似矩，背后垂直如绳，下摆平衡似权，符合规、矩、绳、权、衡5种原理，所以深衣是比朝服次一等的服装，庶人用它当作吉服来穿。深衣盛行于春秋战国时期。

袍也是上衣和下裳连成一体的长衣服，但有夹层，夹层装有御寒的棉絮。如果夹层所装的是新棉絮，称为"茧"；若装的是劣质的絮头或细碎枲麻充数的，称为"缊"。

在周代，袍是作为一种生活便装，而不作为礼服的。古代士兵也穿袍。《诗经·秦风·无衣》中有诗句"岂曰无衣，与子同袍"。意思是说，谁说你没有军装？我与你同穿那套罩衣。这是描写秦国军队在供应困难的冬天，兵士们的生活情形。

另外，袍中有一种短衣叫作襦，是比袍短一些的棉衣。若是质料

■周天子穿冕服和臣子穿裘服画像

粗陋的襦衣，则称"褐"。褐是劳动人民的服装。《诗经·豳风》中有诗句"无衣无褐，何以卒岁"。意思是说，粗麻衣服都没一件，怎能熬过寒冬腊月呢？

裘是最早用来御寒的衣服，就是兽皮，使用兽皮做衣服已有上万年的历史。原始的兽皮未经硝化处理，皮质发硬而且有异味，直到商

周代服装

周时才掌握了熟皮的方法，使其柔软、无异味、轻盈且保暖，并且改进了各种兽皮的缝制方法，开始受宠于达官贵人。天子的大裘采用黑羔皮来做，大人贵族则穿锦衣狐裘。

狐裘中以白狐裘为珍贵，其次为黄狐裘、青狐裘、虎裘、貉裘，再次为狼皮、狗皮、老羊皮等。狐裘除本身柔软温暖之外，还有"狐死守丘"的说法，说狐死后头朝洞穴一方，有不忘其本的象征意义。

天子、诸侯的裘用全裘不加袖饰，下卿、大夫则以豹皮饰为袖端。此类裘衣制作时皮毛向外，天子、诸侯、卿大夫在裘外披罩衣，天子白狐裘的罩衣用锦，诸侯、卿大夫上朝时要穿朝服，士以下无罩衣。

军戎服是商周时期的军队装备。目前考古发现的有商代铜盔、周代青铜盔和青铜胸甲。周代有"司甲"的官员掌管甲衣的生产，由"函人"监管制造。

军戎服分为犀甲、兕甲、合甲3种。犀甲用犀革制造，将犀革分割成长方块横排，以带绦穿连分别接成与胸、背、肩部宽度相适应的甲片单元，每一单元称为"一属"。然后将甲片单元一属接一属地排

叠，以带绦穿连成甲衣，犀甲用7属即够甲衣的长度。

兕甲是用兕革制的铠甲。兕是一种与犀牛类似的动物。兕甲比犀甲坚固，切块较犀甲大，用6属，也就是6节甲片即够甲衣的长度。

合甲是连皮带肉的厚革，特别坚固，割切更困难，故切块又比兕甲更大，用5属，也就是5节甲片即够甲衣的长度。《考工记》说犀甲寿100年，兕甲寿200年，合甲寿300年。

军戎服中盔帽最先以皮革缝制，青铜冶炼技术兴起以后，出现铜盔和由铜片连接或铜环扣接的铜铠甲。此外，铜盔顶端留有插羽毛的孔管，古时插鹖鸟的羽毛来象征勇猛。因鹖鸟凶猛好斗，至死不怯。

军戎服中用铜片连接的叫片甲，用铜环扣接的叫锁甲。甲衣也可加漆，用黑漆或红漆以及其他颜色。在甲里再垫一层丝绵的称为练甲，穿甲的战士称甲士。甲衣外面还可再披裹各种颜色的外衣，称为裹甲。

由各种鲜明颜色制作的甲衣和旗帜组成威严的军阵，色彩不但可以助振军威，激励斗志，而且也便于识别兵种及官兵的身份，有利于军事指挥。

阅读链接

夏商周三代的服装材料如丝绸、麻布、裘皮等都不能长期保存，因此考古发现的直接材料是极稀有的。但考古发现的其他实物，可作为了解古代服装的款式及纹样的间接材料。

对山西夏县西阴村新石器时代晚期遗址的发掘和研究，可知夏代已用丝绸、麻布做衣料，并用朱砂染色。商代已经用麻布、绢和缣，考古实物中还有商代文绮残痕，是现存世界上最古老的织花丝绸文物标本。西周的高级服装材料已用织锦和刺绣，后来考古发现了古代多种质地的纺织物，它们即使叠加在一起，仍然层次分明。

春秋战国丰富多样的款式

春秋战国时期的服装，一方面是深衣的推广和北方游牧民族的胡服被引入中原，体现出各民族服装的融合；另一方面，不同地域的服装各具特色。

春秋战国时期的深衣将过去上下不相连的衣裳连在一起，它的下摆不开衩口，而是将衣襟接长，向后拥掩，即所谓"续衽钩边"。

深衣在战国时相当流行，是士大夫阶层居家的便服，又是百姓的礼服，男女通用。周王室及赵、中山、秦、齐等国的遗物中，均曾发现穿深衣的人物形象。楚墓出土木俑的深

春秋战国时期服装

■ 马山楚墓出土的服装

衣，细部结构表现得更为明确。

从出土文物来看，春秋战国时衣裳连属的服装较多，用处也广，有些可以看作深衣的变式。

江陵马山1号楚墓曾出土短袖的衣裳，据《说文》的解释，这是一种短衣。根据其托钟金人的服装看，应即短袖之衣，可见短袖衣是楚服的一个特征。

此外，湖南长沙仰天湖楚墓出土有彩绘木俑，着交领斜襟长衣和直襟齐足长衣，其剪裁缝纫技巧考究，凡关系到人体活动的部位多斜向开料，既便于活动，又能显示体态的优美。这是深衣在春秋战国末期的一种变化形式，曾是妇女的时装，对男装也有相当的影响。

河南信阳楚墓出土有木俑，袖口宽大下垂及膝，显得庄重，属于特定礼服类。河南洛阳金村韩墓出土有舞女玉佩，穿曲裾衣，扬起一袖，腰身极细，垂发齐肩略上卷，大致是后来《史记》所说燕赵舞女的典型装束。

胡服主要指衣裤式的服装，尤以着长裤为特点，是我国北方草原民族的服装。为骑马方便，他们多穿较窄的上衣、长裤和靴。

士大夫 古时指官吏或较有声望、有地位的知识分子。后来，通过考试选拔官吏的人事体制为我国所独有，形成了一个特殊的士大夫阶层，就是专门为做官而读书考试的知识分子阶层。士大夫这一称谓出现于战国时期，是知识分子与官僚相结合的产物，是两者的胶着体。

胡服是战国时期赵武灵王首先用来装备赵国军队的。赵国与林胡、楼烦、东胡、义渠、中山等地区游牧民族接壤，为了抗击异族的侵扰，赵武灵王毅然推行服式改革，即废弃宽博衣式，改穿紧身窄袖短衣及长裤革靴的胡服，以便于士兵作战。

胡服具有实用性、便捷性的特点，并且有利于山地及骑射作战的特点。这种胡服引入中原后，最初用于军中，后来传入民间，成为一种普遍的装束。此后历代皆以为戎服，或用其冠，或用其履，或用其衣服及带，或三者皆用。

赵国的服装改制，对于固疆域、强军旅起了巨大的作用。同时，胡服也第一次较大规模地进入中原地区，并成为当地的一种主要服装。

由于春秋战国时期各诸侯国各自为政，各自有不同的文化习俗，因而导致不同地域国家的服装各具特色。

中原地区地处黄河中游，为周和三晋所有，服装虽有繁简不同，然而西周以来质朴的曲裾交领式服装始终居于主流。这种衣式，通为上衣下裳连属，衣长齐膝，曲领右衽。

赵武灵王（约前340年～前295年），战国中后期赵国君主，嬴姓，赵氏，名雍。赵武灵王在位时，推行了"胡服骑射"政策，赵国因而得以强盛，灭中山国，败林胡、楼烦二族，辟云中、雁门、代三郡，并修筑了"赵长城"。

■ 胡服骑射武士像

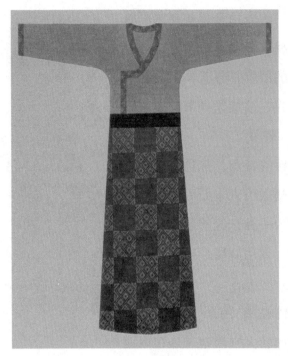

■ 战国时期服装

美丽的服装

三晋 原是中国的战国时期的赵国、魏国、韩国三国的合称，赵氏、韩氏、魏氏原为晋国六卿，公元前403年，周天子承认三家为诸侯，史称"三家分晋"，因此，在《史记》等书中，将赵、魏、韩三国合称为三晋，其地约今之山西省、河南省中部北部、河北省南部中部。

齐鲁地区地处黄河中下游，当地女性好绾偏左高髻。长裙收腰曳地，窄长袖，异于中原三晋地区女式深衣，色彩分为红、黄、黑、褐条纹。

山东长岛的战国齐国贵族墓所出土的女性陶俑发式则有高髻、双丫髻、后垂发3种；上衣为窄长袖，交领右衽，多为淡青色，亦有黄色或红色；下衣为长裙，似与上衣连属，多饰红、黑直条纹，沿直条加施白点，亦有束红、白腰带者。

同一墓葬出土的铜鉴上的人像服装，狩猎者为上衣短袴，挑担者为齐膝长袍，乐舞者、御者、烹人等均长衣曳地，亦有身后拖"燕尾"的，此类出土文物真实地反映了当时人们的穿着特点。

北方地区如中山国和燕国，服装类似三晋地区。从战国中晚期中山国国王墓出土的银首人形铜灯可见，人首双目嵌黑宝石，粗眉，唇上留齐整短髭，似男性形象。头发后梳，拢于脑后为大髻；衣着宽大袖口的交领、右衽深衣，曲裾缠身多层，呈"燕尾"曳地，腰带用带钩和环配系，衣上花纹间填朱、黑色漆，既有齐衣晋带的特征，又具有北方格调。

陪葬坑内所出4个小玉人，女性发型梳理成牛角形双髻，颇似侯马晋国人形陶范上的月牙形冠饰；儿童则头顶结一圆形髻；衣式或矩领右衽，或上衣下裙齐足，下露内裙一部，有腰带，裙上均有大小相间方格纹。

西北秦地由于地域寒冷，服装厚重而实用，但逊华丽韵味。当然权贵例外，雍城秦公大墓即出土玉鞋底一副。

在陕西铜川枣庙6座春秋晚期秦墓中，出土的8件泥塑彩俑，衣式均为紧袖右衽束腰长袍，有黑色而领边及衣襟饰红点和黑红色的两种，衣长或齐膝，或垂至足面，鞋分黑色圆头履和方头履两种。

秦咸阳宫发现炭化丝绸衣服一包，有单衣、夹衣、绵衣，分锦、绮、绢几种，大多为平纹织物。秦人服装侧重实用。

秦人服装因地理环境及生活习惯，通常有三重，依次为汗衣、袍茧、长襦，右衽交领，衣领上雍颈，以应气候寒冽之变。其长襦也仅短至膝上，束腰带，利于行动便捷。

吴越地处东南隅，位于长江下游，服装拙而有式，守成而内具机变。长期以来，当地人一直保持着因地制宜的服装款式。

楚国位于江汉地

雍城 位于现在的陕西宝鸡凤翔境内，是我国东周时期的秦国国都，自公元前677年至前383年定都此地，建都长达294年，有19位秦国国君在这里执政，为秦国定都时间最久的都城。现有秦雍城遗址，为我国十大考古发现之一。

■ 秦人服装

■楚墓出土的褐色绢帽

区，势力跨过长江中下游部分地区，楚服素有轻丽之誉。各地楚墓相继发现的皮手套、皮鞋、麻鞋与大量彩绘木、陶、玉俑，包括"遣策"所记种种服装款式。

如与《楚辞》中对服式的描绘相参照，即可领会到楚人衣服的轻盈细巧，冠式巾帽的奇丽，款式的纷繁华艳。

江淮之间小国林立，受南北大国的掣肘，其服装款式亦深受影响。如姬姓曾国，为南部楚国的附庸，服装鲜有中原风格而有浓厚的楚服特色。又如地处淮水南的黄国，则与北部大国的服装风格接近。

总之，春秋战国时期的衣服款式空前丰富多样，深衣和胡服的形制交互影响，并且互有所取之处，这也正是我国古代服装宝库的精彩所在。

阅读链接

赵武灵王在推行胡服骑射政策之初，曾经受到保守派的反对，其中就包括他的叔叔公子成。赵武灵王耐心地说服了宗室贵族集团的首领公子成，向他表明了自己改革的决心和对以胡服骑射为标志的全面改革的整体构想。公子成被说服了，赵国宗室贵族的意见也就统一了。

于是，赵武灵王正式颁布法令，赵国全境实行胡服骑射，结果使军队的战斗力得到增强。赵武灵王主动打破华夏、戎狄传统观念的勇气，在当时的中原各国中是十分罕见的。

秦汉时期，深衣得到了新的发展。特别在汉代，随着服装服饰制度的建立，服装的官阶等级区别更加严格。而魏晋和南北朝时期，人民迁徙杂处，政治、经济、文化风习相互渗透，形成大融合局面，服装也因而融合发展，推动了中华服装文化的发展。

隋唐时期，我国服装的发展呈现出一派空前灿烂的景象。尤其是"唐装"，由争奇斗艳的宫廷妇女服装发展到民间，被纷纷仿效，又善于融合其他民族及天竺、伊斯兰等外来文化，唐贞观至开元年间就十分流行胡服新装。

融合发展

服装成制

秦代各阶层人士的服装

秦始皇穿秦朝服装画像

公元前221年秦始皇一统天下后，为巩固统一，相继颁行了包括衣冠服饰等级的各种典章制度，明确规定了服装的样式和色调，以及各阶层人士应该穿着的表明其身份的服装。

秦始皇常戴通天冠，废周代六冕之制，只着"玄衣纁裳"，百官戴法冠和武冠，穿袍服，佩绶。

秦代国祚甚短，只有15年，除了秦始皇按阴阳五行思想规定的服色外，一般服色仍是沿袭战国的习惯。秦国本处西陲，向来不似中原繁文缛节，服装样式较为简单，而且开始将古代作为常服的袍，正式穿着。在军事上，也效法赵武灵王的胡服，即扬弃周制的上衣下裳之服，改为上襦下裤便于骑射的样式。

由于纺织技术改进的关系，使得战国以后的服装，由上衣下裳的形式，演变为连身的长衣，这种衣着在秦代非常普遍。它的样式通常是把左边的衣襟加长，向右绕到背后，再绕回前面来，腰间以带子系住，并且往往用相间的颜色缝制，增加装饰的美感。

秦始皇规定的礼服是上衣下裳同为黑色祭服，并规定衣色以黑为最上。周人的图腾是火，秦人相信秦克周，应当以水克火，秦的水灭掉了周的火就是水德，颜色崇尚黑色。这样，在秦代，黑色为尊贵的颜色，衣饰也以黑色为时尚颜色了。

秦始皇的衣冠服制规定，三品以上的官员着绿袍，一般庶人着白袍。官员头戴冠，身穿宽袍大袖，腰配书刀，手执笏板，耳簪白笔。

书刀即在简牍上刻字或削改的刀。笏板又称手板、玉板或朝板，是当时文武大臣朝见君王时，双手执笏以记录君命或旨意，亦可以将要对君王上奏的话记在笏板上，以防止遗忘。白笔是官吏随身所带记事用的笔。

博士、儒生是秦代十分重要的阶层，他们的服装表现出独特的一面，既拘泥于传统，又有所变革。他

■ 秦始皇穿秦朝服装蜡像

礼服 是指在某些重大场合参与者所穿着的庄重而且正式的服装。秦代废除了原有的6种冕服，仅留下一种黑色的玄冕供祭祀时穿用。因为秦人根据五行学说认定自己符合水德，古代阴阳家把金、木、水、火、土五行看成五德。水与黑色配合，所以秦代从帝王到平民都穿着黑色服装。

博士 是我国古代的学官名。始于战国时期。秦始皇时有博士70人，六艺、诸子、诗赋、术数、方士、伎、占梦皆立博士。汉承秦制，诸子百家都有博士。汉武帝时"罢黜百家，独尊儒术"，罢传记博士，重置《易》《礼》《书》《诗》《春秋》五经博士。

们穿着的衣服和当时流行的服装款式有所不同，但是质地却一样的。

博士、儒生们衣着很朴素，通常是冬天穿缊袍，夏天穿褐衣，即便是居于朝中的官员，衣着也是一般，基本都够不上华丽。

农民的服装主要是由粗麻、葛等制作的褐衣、缊袍、襦等构成。

奴隶和刑徒最明显的标志是红色，是史书上所说的"赭衣徒"。这些人都不得戴冠饰，只允许戴粗麻制成的红色毡巾。

秦时也有裤子出现，源自北方的游牧民族骑马打猎时的穿着，样式跟现代的灯笼裤相似，汉族人在种田、捕鱼时也穿着这种裤子。

秦代服装主要受前朝影响，仍以袍为典型服装

■ 秦朝农民蜡像

■ 秦朝人物服装蜡像

样式，分为曲裾和直裾两种，袖也有长短两种样式。秦代男女日常生活中的服装形制差别不大，都是大襟窄袖，不同之处是男子的腰间系有革带，带端装有带钩；而妇女腰间只以丝带系扎。

秦代多以袍服为贵，袍服的样式以大袖收口为多，一般都有花边。百姓、劳动者或束发髻，或戴小帽，身穿交领长衫，窄袖。

秦始皇喜欢宫中的嫔妃穿着漂亮，因而妃嫔服色以迎合他个人喜好为主。但由于受五行思想的支配，妃嫔夏天穿"浅黄藂罗衫"，披"浅黄银泥云披"，而配以芙蓉冠、五色花罗裙、五色罗小扇和泥金鞋加以衬托。

不同于其他朝代的是，秦代服装的亮点是军服。秦代军服很有特点，从秦始皇陵出土的文物中，可以了解秦代的铠甲战服，其实用性和审美性并行不悖。

五行 我国古代的一种物质观。多用于哲学、中医学和占卜方面。五行指金、木、水、火、土，五行学说认为大自然由5种要素所构成，随着这5个要素的盛衰，使得大自然发生变化，不但影响到人的命运，同时也使宇宙万物循环往复，是一种古老的、朴素的宇宙论。

彻侯 我国古代的一种官名，爵位名，20等爵的最高级。秦统一后所沿用，汉初因袭之，多授予有功的异姓大臣，受爵者还能以县立国。后避汉武帝刘彻讳，改称通侯或列侯。新莽时废。后用于泛指侯伯高官。

秦代军官分高、中、低三级。将军一职就是秦昭王时开始设立的，秦代爵位有20个等级，第九等为五大夫，可为将帅，再升七级为大良造，再升三级可封侯，关内侯为十九爵，二十爵为彻侯，即最高爵位。

出土的秦代将军俑，身穿双重长襦、外披彩色铠甲，下着长裤，足登方口齐头翘尖履，头戴顶部列双鹖的深紫色鹖冠，橘色冠带系于颔下，打八字结，腰间佩剑。

中级军官俑的服装有两种：第一种是身穿长襦，外披彩色花边的前胸甲，腿上裹着护腿，足穿方口齐头翘尖履，头戴双版长冠，腰际佩剑；第二种是身穿高领右衽褶服，外披带彩色花边的齐边甲，腿缚护腿，足穿方口齐头翘尖履，头戴双版长冠。

下级军吏俑，其身穿长襦，外披铠甲，头戴长

■ 秦朝人物服装蜡像

■ 穿铠甲的秦兵

冠，腿扎行縢或护腿，足穿浅履，一手按剑，一手持长兵器。

另外，有少数下级军吏俑不穿铠甲，属于轻装。轻装步兵俑，身穿长襦，腰束革带，下着短裤，腿扎行縢即裹腿，足登浅履，头顶右侧绾圆形发髻，手持弓弩、戈、矛等兵器。

重装步兵俑服装有3种：第一种是身穿长襦，外披铠甲，下穿短裤，腿扎行縢，足穿浅履或短靴，头顶右侧绾圆形发髻；第二种服装与第一种略同，但头戴赤钵盔，腿缚护腿，足穿浅履；第三种是在脑后绾板状扁形发髻，不戴赤钵盔。战车上甲士服装与重装步兵俑的第二种服装相同。

骑兵战士身穿胡服，外披齐腰短甲，下着围裳长裤，足穿高口平头履，头戴圆形小帽，叫作弁，一手提弓弩，一手牵拉马缰。

战车上驭手的服装有两种：第一种是身穿长襦，外披双肩无臂甲的铠甲，腿缚护腿，足登浅履，头戴长冠。第二种服装是甲衣的特别制作，脖子上有方形颈甲，双臂臂甲长至腕部，与手上的护手甲相

穿铠甲的秦始皇陵兵马俑

连，对身体防护极严。

秦兵俑中最为常见的铠甲样式即普通战士的装束。秦代普通战士的铠甲，胸部的甲片都是上片压下片，腹部的甲片，都是下片压上片，以便于活动。从胸腹正中的中线来看，所有甲片都由中间向两侧叠压，肩部甲片的组合与腹部相同。

在肩部、腹部和颈下周围的甲片都用连甲带连接，所有甲片上都有甲钉，其数或二或三或四不等，最多不超过6枚。甲衣的长度，前后相等，下摆一般多为圆形。

秦始皇陵兵马俑坑中大批陶俑的出土，为秦代武士的服装提供了例证。秦军装束在西汉时仍广泛流行，裤也逐渐向全社会普及。

阅读链接

白笔是战国秦汉时官吏随身所带记事用的笔，也是当时的官员的一种冠饰。战国秦汉官吏奏事，必须用毛笔将所奏之事写在笏上，写完之后，即将笔杆插入发际。

这种面君带笔记事的形式，在秦代时已经成为一种制度，凡文官上朝，皆得插笔于帽侧，笔尖不蘸墨汁，称"簪白笔"。后来，"簪白笔"成为了一种装饰。比如明代官员朝服冠梁顶部一般插有一支弯曲的竹木笔杆，上端有丝绒做成的笔毫，名"立笔"，作用与白笔相仿，乃秦汉簪笔遗制。

汉代服装制度确立与形成

西汉王朝建立之后，随着社会经济的迅速发展和科技文化的长足进步，汉代的服装也较前丰富考究，形成了公卿百官和富商巨贾竞尚奢华、"衣必文绣"、贵妇服装"穷极美艳"的状况。

公元59年，东汉"博雅好古"的汉明帝刘庄适应进一步完善封建典章制度的需要，在他的主持下，糅合秦制与夏、商、周三代古制，重新制定了祭祀服制与朝服制度，冠冕、衣裳、佩绶、

汉代皇帝服装

美丽的服装

鞋履等各有严格的等级差别，从此汉代服装制度确立下来。事实上，我国古代完整的服装制度是在汉明帝时确立的。

冠冕是汉代区分等级的主要标志。主要有冕冠、长冠、委貌冠、武冠、法冠、进贤冠等几种形制。

按照规定，天子与公侯、卿大夫参加祭祀大典时，必须戴冕冠，穿冕服，并以冕旒多少与质地优劣以及服色与章纹的不同区分等级尊卑。

长冠，又名齐冠，是一种用竹皮制作的礼冠，后用黑色丝织物缝制，冠顶扁而细长。相传汉高祖刘邦首先仿照楚冠创制，故又称"刘氏冠"。后定为公乘以上官员的祭服，又称斋冠，湖南长沙马王堆汉墓出土的衣木俑所戴即为此冠。

委貌冠，亦称玄冠、元冠，它的形制有些像倒置的杯子，以玄色帛绢为冠衣，与玄端素裳相配，为参加祭祀的官员所戴。

武冠，又名为"鹖冠"。鹖，俗名野鸡，性好争斗，至死不屈，用作冠名，以表示英武，为各级武官朝会时所戴礼冠。又因为它的形状像簸箕，且造型较高大，也称为"武弁大冠"。皇帝侍从与宦官，也戴插着貂尾、饰有蝉纹金铛的武冠。

■ 戴通天冠的古代帝王

■ 穿汉代服装的古人蜡像

　　法冠，又称"獬豸"。獬豸是传说中的神羊，能分辨是非曲直。它头顶生有一个犄角，见人争斗，就用犄角抵触理屈者，故为执法者所戴。又因为它通常用铁做冠柱，隐喻戴冠者坚定不移，威武不屈，也称"铁冠"。

　　进贤冠为文吏儒士所戴。冠体用铁丝、细纱制成。冠上缀梁，梁柱前倾后直，以梁数多少区分等级贵贱，如公侯三梁，中二千石以下至博士二梁，博士以下一梁。

　　除了上述这些冠式外，还有通天冠、远游冠、建华冠、樊哙冠、术士冠、却非冠、却敌冠等冠式。这些冠的形式，只能从汉代美术遗作中去探寻了。

　　秦代的巾帕只限于军士使用，至西汉末年，据说因王莽本人秃头，怕人耻笑，特制巾帻包头，后来戴巾帻就成了风气。还有的说，刘勋额发粗硬，难以服帖，不愿让人看见，被说成不够聪明，平日常用巾

中二千石　汉代官吏秩禄等级，中是满的意思，中二千石即实得二千石，月俸一百八十斛，一岁凡得二千一百六十斛。凡太常、光禄勋、卫尉、太仆、廷尉、大鸿胪宗正、大司农、少府、执金吾等到中央机构的主管长官，皆为中二千石。地方官中的"三辅"秩皆中二千石。

帻包头。结果上行下效，以巾帻包头便流行开来。

巾帻主要有介帻和平上帻两种形式。顶端隆起，形状像尖角屋顶的，叫介帻；顶端平平的，称平上帻。身份低微的官吏不能戴冠，只能用帻。达官显宦家居时，也可以摘掉冠帽，头戴巾帻。

东汉末年，王公大臣头裹幅巾更是习以为常。比如中军校尉袁绍这样的高级将领，也不惜弃朝冠而裹头巾以求轻便；蜀汉丞相诸葛亮这样的元老重臣，也甘愿舍弃华冠而头戴纶巾，手摇羽扇，指挥三军，以求潇洒悠闲，使司马懿不得不叹服。

汉代的衣裳制度也各有等序。汉时男子的常服为袍。这是一种源于先秦深衣的服装。原本仅仅作为士大夫所着礼服的内衬或家居之服。士大夫外出或宴见宾客时，必须外加上衣下裳。

到了东汉，袍才开始作为官员朝会和礼见时穿着的礼服。

汉袍多为大袖，袖口有明显的收敛。袖身宽大的部分叫袂，袖口紧小的部分叫祛。衣领和袖口都饰有花边。领子以袒领为主。一般裁成鸡心式，穿时露出里

中军校尉 东汉灵帝时，在京都洛阳，设立西园八校尉，即上军校尉、中军校尉、下军校尉、典军校尉、左校尉、助军左校尉、右校尉、助军右校尉。当时曹操担任典军校尉，袁绍任中军校尉，小黄门蹇硕则任上军校尉，统率其余校尉。

美丽的服装

■ 身着袍服的汉光武帝及随从

面衣服。此外，还有大襟斜领，衣襟开得较低，领袖用花边装饰，袍服下面常打一排密裥，有时还裁成弯月式样。

另外，袍还有填棉絮的冬装。具体又分为纩袍与茧袍等。纩袍是用新丝绵之细而长者絮成，茧袍是用旧丝绵或新丝绵之粗而短者絮成。

御史或其他文官穿着袍服上朝时，右耳边上常簪插着一支白笔，名"簪白笔"，这是沿用秦制，不过汉时更注重其装饰性罢了。

官员平时穿着禅衣。禅衣是一种单层的薄长袍，没有衬里，用布帛或薄丝绸制作。

这时期的袍服大体可以分为两种类型：一是曲裾，一是直裾。

曲裾就是战国时的深衣，多见于汉初。其样式不仅男子可穿，也是女装中最常见的式样。这种服装通身紧窄，下长拖地，衣服的下摆多呈喇叭状，行不露足。衣袖有宽有窄，袖口多加镶边。衣领通常为交领，领口很低，以便露出里面衣服。有时露出的衣领多达三重以上，故又称"三重衣"。

直裾，又称襜褕，为东汉时一般男子所穿。它衣襟相交至左胸后，垂直而下，直至下摆。它是禅衣的变式，不是正式礼服，隆重场合不宜穿着。据史载，武安侯田蚡就曾因为赶时髦，着直裾入宫，被汉武帝

服装成制

■ 穿禅衣的汉代官员蜡像

御史　我国古代一种官名。先秦时期，天子、诸侯、大夫、邑宰皆置，是负责记录的史官、秘书官。国君置御史，自秦代开始，御史专门为监察性质的官职，一直延续到清代。汉御史因职务不同有侍御史、治书侍御史。

视为"不敬"，而遭致免爵。

汉时男子的短衣类服装主要有内衣和外衣两种。内衣的代表服装是衫和裠。衫，又称单襦，就是单内衣，它没有袖端。裠，是夹内衣，外形与衫相同，又称"短夹衫"。此外，还有帕腹、抱腹、心衣等只有前片的内衣。

帕腹是横裹在腹部的一块布帛；抱腹是在帕腹上缀有带子，紧抱腹部，即后世俗称的兜肚；心衣是在抱腹上另加"钩肩"和"裆"。

内衣还有前后两片皆备者，既当胸又当背，名为"两当"，意为遮拦。平民男子也有穿满裆的三角短裤"犊鼻裈"的。它据说因为形状像牛犊的鼻子而得名。《史记》中就记载有汉代大辞赋家司马相如偕同卓文君私奔，在成都街头开设酒铺，"自著犊鼻裈，与保庸杂作，涤器于市中"的记载。

外衣的典型服装是襦和袭。襦是一种有棉絮的短上衣。因其长仅及膝，所以必须与有裆裤配穿。当时的显贵多用纨即细而白的平纹薄绢做裤，故有"纨绔"之称。后来，这个词逐渐演变成了浪荡公子的代名词。袭，又称褶，是一种没有棉絮的短上衣。

汉代妇女的礼服，仍以深衣为主。只是这时的深衣已与战国时期流行的款式有所不同。其显著的特点是，衣襟绕转层数加多，衣服的下摆增大。穿着这种衣服，腰身大多裹

汉代平民服饰

得很紧，且用一条绸带系扎腰间或臀上。

还有一种服装叫"袿衣"，样式大体与深衣相似，是贵妇的常服。因为它在衣服底部由于衣襟绕转形成两个上宽下窄、呈刀圭形的两尖角，故而得名。

此外，汉代妇女也穿襦裙。这种裙子大多是用四幅素绢拼合而成，上窄下宽，呈梯形，不用任何纹饰，不加边缘，因此得名"无缘裙"。它另在裙腰两端缝上绢条，以便系结。

■ 穿着襦裙的汉代乐女

这种襦裙长期为我国妇女服装中最主要的形式。东汉以后穿着的人虽然一度减少，但是魏晋开始重新流行以后，历久不衰，一直沿袭到清代。

汉代的戎服，随着纺织业的发展，制作日益精良，甲胄也有所改良。西汉时期，铁制铠甲开始普及，并逐渐成为军队的主要装备，这种铁甲当时称为"玄甲"。

西汉戎服在整体上有很多方面与秦代相似，军队中不分尊卑都穿禅衣，下穿裤。禅衣为深衣制。汉代戎服的颜色为赤、绛等颜色，都属于红色范畴。汉代军人的冠饰基本上是平巾帻外罩武冠。

卓文君 汉代才女，司马相如之妻。卓文君与汉代著名文人司马相如的一段爱情佳话被人津津乐道，她也有不少佳作流传后世，以"愿得一心人，白首不相离"一句最为著名。卓文君对爱情的大胆追求举动，为后代知识女性树立了自由恋爱的榜样。

美丽的服装

■ 古代青丝履

汉代铠甲的形制大体可分为两类：一类是扎甲，就是采用长方形片甲，将胸背两片甲在肩部用麻绳或皮带系连，或另加披膊，这是骑士和普通士兵的装束。另一类是用鳞状的小型甲片编成，腰带以下和披膊等部位，仍用扎甲形式，以便于活动，多见于武将的装束。

汉代也实行佩绶制度，达官显宦佩挂组绶。组，是一种用丝带编成的装饰品，可以用来束腰。绶是用来系玉佩或印钮的绦带，有红、绿、紫、青、黑、黄等色，是汉代官员权力的象征，由朝廷发放。

汉代官员外出，按照规定，必须将官印装在腰间用皮革或彩锦做成的囊内，将印绶露在外面，向下垂搭。于是人们就可以根据官员所佩绶的尺寸、颜色及织工的精细程度来判定他们身份的高低了。

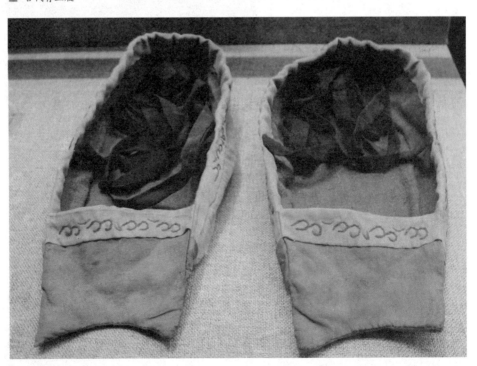

汉代的履主要有3种：第一种是用皮革制成的，也叫鞜。第二种是上有裱饰花纹的织鞋，即锦履。"建安七子"之一的刘桢在《鲁都赋》中就曾做过这样的形容："纤纤丝履，灿烂鲜新，表以文组，缀以朱虮。"可见其华美高贵。第三种是麻鞋，也叫"不借"。

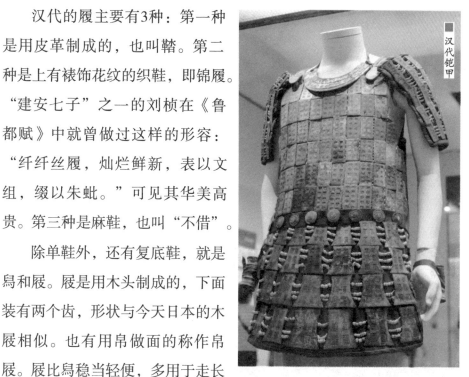

汉代铠甲

除单鞋外，还有复底鞋，就是舄和屐。屐是用木头制成的，下面装有两个齿，形状与今天日本的木屐相似。也有用帛做面的称作帛屐。屐比舄稳当轻便，多用于走长路时穿。妇女出嫁时，常常穿绘有彩画并系有五彩丝带的屐。

总之，汉代的冠冕、衣裳、佩绶、鞋履等服装形制的形成，足以体现华夏民族的着装特色，表明我国古代服装发展的进步。

阅读链接

西汉初年，汉明帝刘庄制定了较为完备的汉代服制，其中的冠冕中有一种冠叫作"樊哙冠"。关于樊哙冠的由来，相传有这样一段趣事：

刘邦攻破咸阳，驻军灞上。项羽设宴鸿门，图谋杀害刘邦，消除对手。在鸿门宴席间，"项庄拔剑舞，其意常在沛公"，情势十分危急。就在这时，汉将樊哙急忙撕下衣襟，裹起铁盾，顶在头上，权充冠帽，仗剑破门而入，与项庄对舞，最后救刘邦脱离险境。从此，仿樊哙所戴的临时冠帽被制成冠式，便得了樊哙冠的美名。

隋代官定服装形制的发展

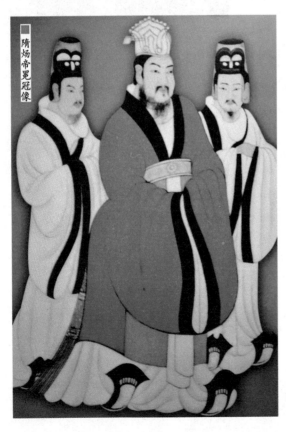
隋炀帝冕冠像

隋文帝杨坚厉行节俭，衣着简朴，不注重服装等级尊卑，经过20来年的休养生息，经济有了很大的恢复。到隋炀帝时，为了宣扬皇帝的威严，恢复了秦汉章服制度。

冕服上的十二章纹图样是从周朝开始确立的，以后历代都承袭了这一制度。南北朝时曾按周制将冕服十二章纹中的日、月、星辰三章放到旗帜上，改成九章。隋炀帝时，将日、月两章分列在两肩，星辰列在背后，又将日、月、星辰三章放回到冕服上，恢复了之前的十二章纹图样。

从隋炀帝开始，这种"肩挑日月，背负星辰"的官服样式，成为了历代皇帝冕服的既定款式。

与冕服相配的，就是冕冠。隋文帝在位时平时只戴乌纱帽，隋炀帝则根据不同场合，戴用通天冠、远游冠、武冠、皮弁等。

冕冠前后都有象征尊卑的冕旒，其数量越多，表示地位越高，反之亦然。古时用玉琪，隋炀帝改用珠。冕旒用青珠，皇帝12旒12串，亲王9旒9串，侯8旒8串，伯7旒7串，三品7旒3串，四品6旒3串，五品5旒3串，六品以下无珠串。

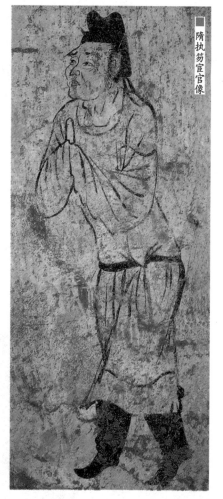

隋执笏宦官像

通天冠也是根据珠子的多少表示地位的高下的。隋炀帝戴的通天冠，上有金博山等装饰。他戴的皮弁也是用12颗珠子装饰。太子和一品官9珠，下至五品官每品各减1珠，六品以下无珠。

文武官的朝服着红纱单衣，白纱中单，白袜乌靴。所戴进贤冠，以官梁分级位的高低，三品以上3梁，五品以上2梁，五品以下为1梁。谒者大夫戴高山冠，御史大夫、司隶等戴獬豸冠，以其形类似獬豸而得名。

隋炀帝所定皇后服制有袆衣、朝衣、青服、朱服。大业年间，宫人中还流行穿半臂，即短袖衣套在长袖衣的外面，下着长裙，又名

"仙裙"，这是一种大下摆的长裙。

隋代男子的官服，一般是头戴乌纱幞头，身穿圆领窄袖袍衫，衣长在膝下踝上，齐膝处设一道界线，称为横襴，略存深衣旧迹，腰系红鞓带，足登乌皮六合靴。从皇帝到官吏，样式几乎相同，差别只在于材料、颜色和皮带头的装饰。

其中的幞头又称幞、软巾，以巾裹头，成为代替冠帽的约束长发的头巾。幞头有四带，二带系头上，曲折附顶，所以也称"四脚""折上巾"。

隋代无官职的地主阶级隐士、野老，则喜穿高领宽缘的直裰，以表示承袭儒者宽袍大袖的深衣古制。直裰是家居式常服，一般为斜领大袖、四周镶边的大袍。另外，僧衣道服也有"直裰"袍衫。

■ 隋代文官身穿直裰陶俑

隋代普通百姓大都穿开衩到腰际的齐膝短衫和裤，不许用鲜明色彩。差役仆夫多戴尖椎帽，穿麻练鞋，做事行路还须把衣角撩起扎在腰间。脚上只限穿编结的线鞋或草鞋。

隋代民间妇女穿青裙，外出戴一种叫幂罗的面罩，把面部罩住。这类打扮，都吸收融合了南北朝时期胡服的艺术特色，对后来的唐代女服也有很大影响。

出土的隋代文物也反

映了隋代妇女装束。洛阳出土的隋俑多小袖高腰长裙，裙系到胸部以上。发式上平而较阔，如戴帽子，或作三饼平云重叠、额部鬓发剃齐，承北周以来"开额"旧制。

隋俑中的贵妇所披小袖外衣多翻领式。侍从婢女及乐伎则穿小袖衫、高腰长裙，腰带下垂，肩披帔帛，头梳双髻。

西安玉祥门外有一座李静训墓，墓主为9岁女孩，随葬群俑围立青石棺旁，女俑穿大袖衣，长袍、垂带、发作三叠平云，上部略宽。武卫俑戴胄，着明光铠、大口裤，一手扶步盾。文吏穿裤褶服，外披小袖齐膝衣。

除了隋俑外，敦煌壁画所见也大体如此。敦煌莫高窟390窟隋妇女进香图，贵妇着大袖衣，外披帔风或小袖衣，这种衣式早见于敦煌北魏以来佛教故事画中男子衣着，但那是内衣小袖而外衣大袖。衣袖大小正与隋代贵妇服装相反。

隋代居住在西北地区的少数

■ 隋代女子身穿小袖袍出行场景

美丽的服装

民族多穿小袖袍、小口裤，但各个民族不尽相同。如高昌国人着长身小袖袍，缦裆裤；于阗国人着长身小袖袍、小口裤；匈奴妇女则着长襦及足，没有下裳，等等。反映了隋代边疆地区的民族服装特色。

阅读链接

李静训墓位于今西安市玉祥门外西大街南约50米处。李静训家世显赫，她的祖父李崇是一代名将，曾随隋文帝杨坚一起打天下，后来官至上柱国。据墓志记载，李静训自幼深受外祖母周皇太后的溺爱，一直在宫中抚养，后来殁于宫中，年方9岁。皇太后杨丽华十分悲痛，厚礼葬之。

李静训墓的随葬品甚多，有数量繁多的陶俑、项链、手镯、金银器皿等，宛如微缩的繁华世间。其中的陶俑，反映了隋代妇女装束的情况，是重要的史料。

唐代服装空前丰富多彩

由隋入唐，我国古代服装发展到全盛时期，"唐装"的雍容华贵、富丽堂皇，充分体现了唐代空前繁荣的局面。

冠服制度是封建社会权力等级的象征。唐高祖李渊于624年颁布新律令，即著名的《武德律》，其中包括服装的律令，计有天子之服、皇后之服、皇太子之服、太子妃之服、群臣之服和命妇之服。

天子服装包括大裘冕、衮冕、鹥冕等14种；皇太子服装包括衮冕、远游冠、公服等6种；群臣服装有衮冕、法冠、公服等22种；皇后服装有袆衣、鞠衣、钿钗

唐太宗及仕女服饰穿着

■ 唐官员身着官服
引导三位宾客图

美丽的服装

唐三彩 是一种
盛行于唐代的陶
器，以黄、褐、
绿为基本釉色，
后来人们习惯地
把这类陶器称为
"唐三彩"。唐
三彩的诞生已有
一千三四百年的
历史了，它吸取
了我国国画、雕
塑等工艺美术的
特点，采用堆
贴、刻画等形式
的装饰图案，线
条粗犷有力。

袆衣3种；皇太子妃服装有褕翟、钿钗礼衣3种；命妇服装有翟衣、钿钗礼衣、礼衣等6种。这些服装的配套方式和穿着对象及场合，都有详细说明。

唐代官服发展了古代深衣制的传统形式，于领座、袖口、衣裾边缘加贴边，衣服前后身都是直裁的，在前后襟下缘各用一整幅布横接成横襕，腰部用革带紧束。官服的衣袖分直袖式和宽袖式两种，直袖窄紧，夹直如沟，这种款式便于活动，宽袖大裾的款式则可表现潇洒华贵的风度。

唐代冠服制度在《武德律》推行之后，也在不断修改完善，它上承周汉传统，从服装配套、服装质料、纹饰色彩等方面形成了完整的系列，对后世冠服也产生了深远的影响。

唐代服装的发展是多方面的，平民百姓的服装自然也在其中。这些服装，共同构成了"唐装"的繁荣景象。

唐代一般男子的服装以袍衫为主，其结构形式在秦汉和魏晋时期袍服的基础上，又掺糅了胡服风格，其款式特点为圆领、窄袖，领、袖、裾等部位不设缘边装饰，袍长至膝或及足，腰束革带。

袍衫在唐代穿着普遍，帝王常服及百官品色服均为袍式。一般士庶亦可穿着袍衫，但其颜色有限制，多穿白色的袍衫。

胡服在中原地区流行，自战国时期赵武灵王始至唐代达到极盛。盛行胡服的原因同唐代社会文化的开放性和包容性有关，从出土的唐代士俑、"唐三彩"及壁画中，到处可见身着胡服的人物形象。

唐代男子普遍穿着的服装除袍衫、胡装外，还有半臂装。半臂装是一种半袖上衣，其形式为袒领、对襟、半袖、衣长至膝，通常于春秋时节穿。

唐代男子的首服，以幞头巾帽

身着胡服的唐三彩俑

应用得最广泛，为这一时期典型首服。幞头是一种经过裁制的四角巾帛，前两角缀两根大带，后两角缀两根小带，戴时将前面两角包过前额绕至脑后结系在大带下垂着，另外两角由后朝前，自下而上收系于脑顶发髻上。

唐代军戎服也丰富多彩。唐代在战场上驰骋的都是人披马甲不具装的轻骑，步兵铠甲占步兵人数的一半以上。

据《唐六典》记载，唐甲有明光甲、光西甲、细鳞甲、山文甲、乌锤甲、白布甲、皂绢甲、布背甲、锁子甲等13种。其中的锁子甲异常坚固，一般箭射不入。此种铠甲分成大中小3种型号，按体型高矮分给战士使用。

唐代的女子服装，可谓我国古代服装中最为精彩的篇章，其冠服之丰美华丽，妆饰之奇异纷繁，都令人目不暇接。大唐200余年的女子服装形象，可主要分为襦裙服、女着男装、女着胡服3种穿着形式。

襦裙服是指唐代女子上穿短襦或衫，下着长裙，佩披帛，加半臂的传统装束。

襦裙装在外来服装影响下，取其神而保留了自我的原形，于是襦裙装成为唐代

■ 中唐时期古代贵族服饰

美丽的服装

■ 唐代仕女身穿襦裙打马球蜡像

乃至整个中国服装史中最为精彩而又动人的一种配套装束了。

　　襦很短，一般只长到腰，是唐代女服的特点。与此相近的衫，却长至胯或更长。唐女的襦、衫等上衣是各个阶层的常服，非常普遍，而且喜欢红、浅红或淡赭、浅绿等色。

　　襦的领口常有变化，襦衫领型有：圆领、方领、直领和鸡心领等。盛唐时期有袒领，即领口开得很低，早期只在宫廷嫔妃、歌舞伎间流行，后来连豪门贵妇也予以垂青。

　　唐代妇女下裳为裙。这是当时女子非常重视的下裳形式。制裙面料多为丝织品，但用料有多少之别，通常以多幅为佳。裙腰上提高度，有些可以掩胸，有些仅着抹胸，外披纱罗衫，致使上身肌肤隐隐显露。这是我国古代女装中最大胆的一种，足以想见当时妇女思想开放的程度。

　　唐代裙色多彩，可以尽如人所好，多为深红、杏黄、绛紫、月青、青绿。其中尤以石榴色流行时间最长。石榴裙最大的特点，是裙束较高，上披短小襦衣，两者宽窄长短形成鲜明对比。

　　这种上衣下裙的"唐装"，是对前代服装的继承、发展和完善。

马球 骑在马背上用长柄球槌拍击木球的运动，所以又称"打毬""击毬""击鞠"等。是蒙古族民间马上游戏和运动项目，流行于内蒙古等地。相传骑马击鞠的运动是唐代时从西藏传入的，也有说是唐初由波斯即今伊朗传入，称"波罗球"，后传入蒙古，相沿至今。

美丽的服装

■ 身着不同服饰的唐代仕女

从整体效果看，上衣短小而裙长曳地，使体态显得苗条和修长。

外族服装文化对于唐代宫廷产生的影响还反映在思想观念上的变化。当时影响中原的外来服装，绝大多数都是马上民族的服装。那些粗犷的身架、英武的男性装束，以及矫健的马匹，对于唐代女性着装意识产生一种渗透式的影响，同时创造出一种适合女着男装的氛围。

唐代女子跳出围墙和男人并肩外出，到大自然中去观赏风景、骑马游春，于是就有许多女扮男装的场面。经常能见到头戴纱幂，身着男装袍裤的俊俏女子与男人同行，并一时形成风尚。不论是出行图景还是打马球的场面，新式着装已经成为当时的创举，这充分说明唐代女性在思想观念上的变化。

唐代这种男装化的女性服装，史料中留下了不少记载。唐中宗李显的长子李重润墓门石刻，至今还保留着两个戴乌纱幞头，上着小袖宽领衣，下着波斯条纹锦镶边长裤，足着软底镂空锦鞋的女扮男装形象。

唐代还流行女子穿"胡服"。胡服令唐代妇女耳目一新，以至于胡服热狂风般席卷中原诸城，其中尤以长安及洛阳等地为盛，其饰品也最具异邦色彩。

盛唐以后，胡服的影响逐渐减弱，女服的样式日趋宽大。到了中晚唐时期，这种特点更加明显，一般妇女服装，袖宽往往在4尺以上。

唐代女装除了襦裙服、女着男装和着胡服外，在妇女中间，还出现了袒胸露臂的形象。在永泰公主墓东壁壁画上，有一个梳高髻、露胸、肩披红帛，上着黄色窄袖短衫，下着绿色曳地长裙，腰垂红色腰带的唐代妇女形象，就是这种形象的代表。

唐代女子半露胸，并不是什么人都可以效仿的，只有有身份的人

穿长裙的唐代公主

服饰艳丽的唐代公主

才能穿开胸衫，永泰公主可以半裸胸，歌女可以半裸胸取悦于人，而平民百姓家的女子是不允许半裸胸的。这种半露胸的裙装有点类似于现代西方的夜礼服，只是不准露出肩膀和后背。

唐代女服的裙子颜色绚丽，红、紫、黄、绿争奇斗艳，尤以红裙为佼佼者。街上流行红裙子，不是现代人的专利，早在盛唐时期，就已经遍地榴花染舞裙了。

丰富多彩，风格独特，奇异多姿的"唐装"充实了我国古代服装文化，使之成为我国服装史上的一朵奇葩，令世人瞩目。比如日本和服从色彩上大大吸取了唐装的精华，朝鲜服装也从形式上承继了"唐装"的长处。

阅读链接

唐玄宗李隆基酷爱胡舞胡乐，杨贵妃、安禄山均为胡舞能手，唐代诗人白居易在《长恨歌》中说的"霓裳羽衣舞"，即是胡舞的一种。另有浑脱舞、枯枝舞、胡旋舞等，这些胡舞胡乐，对汉族音乐、舞蹈、服装等艺术门类都有较大的影响，而唐代女子着胡服就是典型的例子。

关于唐代女子着胡的形象或见于石刻线画等古迹。较典型者，即为上戴浑脱帽，身着窄袖紧身翻领长袍，下着长裤，足登高靿靴。唐女着胡服，成为那个时代的一大亮点。

服装风格

　　五代十国时期诸国的服装基本上是沿袭了唐代的制度，保留了大唐后期的特点，只有南方各国经济富庶，政治稳定，所以服装有一定的发展和创新。南唐人物肖像画家顾闳中的传世名画《韩熙载夜宴图》，较为全面地反映了南方人的着装情况。

　　宋代从皇帝到庶人的服式基本保留汉民族服装的风格，辽、金、西夏及元代的服装则分别具有契丹族、女真族、党项族及元代蒙古族各民族服装的特点并再度融合与改易，服装风格呈现出前所未有的新气象。

五代十国时期的服装发展

南唐烈祖李昪的服饰

五代十国是对五代与十国的合称，是指唐亡后到北宋建立之间的历史时期。五代是指中原地区的5个政权，即后梁、后唐、后晋、后汉与后周。中原地区之外的前蜀、后蜀、吴国、南唐、闽国、楚国、南汉、南平、吴越、北汉10个割据政权，被史家合称十国。

五代十国诸国服装基本沿袭唐代制度，但南方各国有所发展和创新。这在五代十国时期宫廷画家顾闳中的作品《韩熙载夜宴图》中有较为全面的体现。

《韩熙载夜宴图》与东晋画家

顾恺之《洛神赋图》、唐代画家阎立本《步辇图》、唐代画家周昉《唐宫仕女图》、唐代画家韩滉《五牛图》、北宋画院学生王希孟《千里江山图》、北宋画家张择端《清明上河图》、元代画家黄公望《富春山居图》、明代画家仇英《汉宫春晓图》、清代来华的意大利人郎世宁的《百骏图》，并称为"中国十大传世名画"。画作原迹已佚，今存版本为宋人临摹本。这幅长卷以连环长卷的方式描摹了韩熙载家开宴行乐的场景，线条准确流畅，工细灵动，充满表现力。

《韩熙载夜宴图》和南唐后主李煜有很大的关系。当时，北方军力量对南方的威胁越来越大，可是李后主却不思进取。南唐的宰相韩熙载感到国家前途渺茫，就招徕宾客，夜夜宴饮。李后主感到好奇，派

■ 《韩熙载夜宴图》中乐女穿长裙弹唱

李煜（937年~978年），字重光，初名从嘉，号钟隐、莲峰居士，彭城人，即现在的江苏徐州。五代十国时南唐国君，史称李后主。精书法，善绘画，通音律，对诗词和文章均有一定造诣，尤以词的成就最高，被称为"千古词帝"。有《虞美人》《浪淘沙》《乌夜啼》等词。

宫廷画家顾闳中也去赴宴，观察动向。顾闳中回来后，凭着记忆中的印象画出了这幅画。

《韩熙载夜宴图》虽然没让李煜觉醒，来挽救南唐国运，但却为我们了解当时的服装文化提供了可靠的依据。该作品逼真地描绘了南唐宰相韩熙载夜宴宾客时的情景，真实地再现了五代十国时期人们的服装款式、面料质地以及当时的流行风尚。

《韩熙载夜宴图》从几个侧面展示了当时丰富多彩的服装样式：宴会主人韩熙载，休息时头戴名叫"韩君轻格"的高顶四方乌纱帽，这是他在江南所造的轻纱帽，这种巾式，上不同唐，下不同宋，比宋代东坡巾要高，顶呈尖形。身穿对襟白色长衫，衣领敞开，袒胸露腹，脚上穿着白布袜子与圆头薄鞋。欣赏歌舞时，他又在白衫外面加上一件黑色的交领长袍。

画中的男宾客大多穿着与唐代官服样式基本相同的标准官服，圆

■《韩熙载夜宴图》中官员的服饰样式

领襕衫，头戴黑色短翅幞头，腰束革带，足蹬黑皮靴。身份比较高的穿红袍，其他人都穿绿袍。

画中的侍女们还穿着唐代流行的女子男装，即圆领长袍。女着男装曾经在唐代风行一时，五代十国时期也在流行。

画中贵妇的服装十分艳丽，与唐代妇女圆润丰满的造型截然不同，她们的服装整体上显得修长纤巧。上身为贴身、窄袖的交领短衫或直领短衫，下身穿宽松的曳地长裙，裙裾拖在身后有几尺长，长裙的上端一直系到胸部。胸前还束有绣花的抹胸。衣裙大多用丝带束紧，长出来的丝带像两根飘带一样垂于身前。

这一时期的妇女仍然流行披绣花的披帛，只是比唐代的妇女披帛长且窄得多，显得富于变化而飘逸灵动。她们的外形修饰非常精致，化妆也相当考究：脖颈戴有三四重宝石、珍珠项链，头上戴有金花、金叶、金凤，发髻上插有象牙、银钗等，脸上有花钿、斜红等妆面。

乐伎 音乐舞蹈界的研究者们，把敦煌壁画中以演奏乐器为主的人物形象称为敦煌乐伎。分为佛国天界中的乐伎和世俗人间中的乐伎两大体系，每一体系中又包括几个类型。敦煌石窟壁画中有极其丰富的古代乐伎形象和乐器图像，可以称得上目前世界保留音乐资料最丰富的博物馆。

■ 《韩熙载夜宴图》中乐伎

从画面上可以看出，当时服装的面料十分考究，颜色和花纹的搭配十分和谐，尤其是女装，有白衣白裙、青衣白裙，有绿衣红裙、绿袍白腰袄，上面的图案有飞鸟、团花、几何图形等，非常丰富。

画中乐伎的着装也颇具大唐风格，款式虽与当时流行的基本相同，但是有所创新。比如，她们下身也经常穿高腰长裙，但是上身却多穿有半袖简化而成的襦。乐伎穿的襦不但衣袖、袖口宽肥，而且便于在袖子的上端装饰花边。

乐伎的发式没有什么新奇，梳的都是当时流行的堕马髻，又名"坠马髻"、偏梳髻等。她们之所以看起来光鲜夺目，只不过是因为她们比平常女子更善于修饰自己罢了。

关于五代十国时期的服装，除了《韩熙载夜宴图》提供的信息外，宋代推官毕仲询的笔记小说集《幕府燕闲录》有这样的记载："五代帝王多裹朝天

幞头，二脚上翘。四方僭位之主，各创新样，或翘上后反折于下；或如团扇、蕉叶之状，合抱于前。"这段话描述了当时幞头巾子的特点。

■ 头戴高帽的韩熙载

这一时期的头巾也有因人而异的情况。比如后唐建立者李存勖取代后梁后，崇尚各种方巾，有圣逍遥、珠龙便巾、二仪等数十种。

再如前蜀建立者王建喜欢戴大帽，但又担心与众不同，外出时会暴露自己，不够安全，于是下令平民百姓都戴大帽，形成举国上下戴大帽子的风尚。他的儿子王衍曾经自制夹巾，也叫尖巾，其状如锥，庶民都来效仿，晚年又开始喜欢小帽，称之"危脑帽"。

五代十国时期分裂与战乱的状态，并没有遏制人们对美的追求和创造。尤其是五代十国时期的妇女，不但有了全新的审美观，她们的眉黛妆红、珠光宝气，在历代妇女中也算得上是佼佼者了。

阅读链接

据南朝《宋书》记载，宋武帝刘裕的女儿寿阳公主，在正月初七日仰卧于含章殿下，殿前的梅树被微风一吹，落下一朵梅花，不偏不倚正落在公主额上，额中被染成花瓣状，且久洗不掉。

宫中女子见公主额上的梅花印非常美丽，遂争相效仿，当然她们再也没有公主的奇遇，于是就剪梅花贴于额头，一种新的美容术从此就诞生了。这种梅花妆很快就流传到民间，成为当时女性争相效仿的时尚。至宋代，花钿已成了妇女的常用饰物。

两宋时期的各式服装

■宋代皇帝朝服

宋代崇尚礼制，冠服制度最为繁缛，因而与传统的融合做得更好。北宋初年，朝廷参照前代衣服样式，规定了从皇帝到庶人的服式，其中包括祭服、朝服、公服、时服、戎服等。

祭服有大裘冕、衮冕、鷩冕、毳冕、玄冕，其形制大体承袭唐代并参酌汉以后的沿革而定。

朝服也叫具服，一般在朝会时使用。上身用朱衣，下身系朱裳，即穿绯色罗袍裙，衬以白花罗中单，束以大带，再以革带系绯罗蔽膝，方心曲领，挂以玉剑、玉佩，着白绫袜黑色皮履。

朝服以官职的大小而有所不同，六品以下就没有中单、佩剑及锦绶。中单即禅衣，衬在里面，在上衣的领内露出。

宋朝百官朝见皇帝或处理一般公务，都是穿公服，唯在祭祀典礼及隆重朝会时穿着祭服或朝服。公服基本承袭唐代的款式，曲领大袖，下裾加一道横襕，腰间束以革带，头戴幞头，脚穿靴或革履。

公服的幞头，一般都用硬翅，展其两角，只有便服才戴软脚幞头。公服所佩的革带，是区别官职的重要标志之一。

幞头是宋代常服的首服，戴用非常广泛，宋代的幞头内衬木骨，或以藤草编成巾子为里，外罩漆纱，做成可以随意脱戴的幞头帽子，不像唐初那种以巾帕系裹的软脚幞头，后来索性废去藤草，专衬木骨，平整美观。

公服用色区别等级。如九品官以上用青色；七品官以上用绿色；五品官以上用朱色；三品官以上用

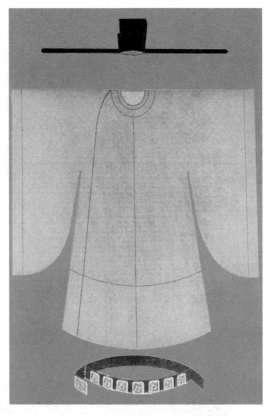

■ 宋代公服

幞头 亦名折上巾，又名软裹。一种包头的软巾。因幞头所用纱罗通常为青黑色，故也称“乌纱”。后代俗称为“乌纱帽”。相传始于北周武帝。幞头系在脑后的两根带子，称为幞头脚，开始称为“垂脚”或“软脚”。后来两根垂在脑后的带子加长，打结后可作装饰，称为“长脚罗幞头”。

宋代武将服饰和官服

美丽的服装

紫色。到宋元丰年间用色稍有更改，四品以上用紫色；六品以上用绯色；九品以上用绿色。按当时的规定，服用紫色和绯色衣者，都要配挂金银装饰的鱼袋，高低职位以此物加以明显的区别。

时服则在每年应季或皇五圣节，按前代制度赏赐文武群臣及将校的袍、袄、衫、袍肚、勒帛、裤等，用各种锦等做面料。宋代的服装面料，讲究的以丝织品为主，品种有织锦、花绫、缂丝等。其中有一种用天下乐晕锦做的时服，最为高贵。

宋代的戎服，大体继承晚唐五代的戎装形式，略有变化，防卫巡逻或作战，常着战袄、战袍。宋代无名氏的《宣和遗事》曾有这样的描述："急点手下巡兵二百余人，腿系着粗布行缠，身穿着鸦青衲袄，轻弓短箭，手持闷棍，腰挂环刀。"袍和袄只是长短有别，均为紧身窄袖的便捷装束。

官兵作战时通常要穿铠甲。北宋初年的铠甲，据《宋史·兵志》记载，有金装甲、连锁甲、锁子甲、黑漆顺水山子铁甲、明光细网甲等多种铁甲。还有一种以皮革做甲片，上附薄铜或铁片制成的较轻便的软甲。皮制的战衣叫皮笠子或皮甲。

宋代有一种特别的铠甲，这就是纸甲。1040年，政府诏令江南、淮南州军造纸甲三万副。它是用一种特柔韧的纸加工而成的，叠3寸厚，在方寸之间布有4个钉，雨水淋湿后更为坚固，铳箭难以穿透。

《武经总要》是我国一部记述有关军事组织、制度、战略战术和武器制造等情况的重要军事著作，其中详细记载了北宋时期的铠甲样式及其制度。如头戴兜鍪，身穿甲衣，两袖缀有披膊，下配有护腿。

宋代对妇女的礼服也有规定。比如宋代皇后礼服，平时很少穿着，只有在受皇帝册封或祭祀典礼时穿用。穿着这种服装，头上要戴凤冠，内穿青纱中单，腰饰深青蔽膝。另挂白玉双珮及玉绶环等饰物，下穿青袜青鞋。

再如宋代贵妇礼服，包括大袖衫、长裙、披帛，是晚唐五代遗留下来的服式，在北宋年间依然流行，多为贵族妇女所穿。这种礼服普通妇女不能穿着。穿着这种服装，必须配以华丽精致的首饰，其中包括发饰、面饰、颈饰和胸饰等。

宋代百姓服装，也有定制。从记载来看，当时北宋首都汴京，店堂林立，铺席遍布，到处设有酒楼、茶坊、商店和集市。各行各业的商户还彼此结成"商

服装风格

《武经总要》是我国北宋官修的一部军事著作。作者为宋仁宗时的文臣曾公亮和丁度。两人奉皇帝之命用了5年的时间编成。该书是中国第一部规模宏大的官修综合性军事著作，对于研究宋朝以前的军事思想非常重要。其中大篇幅介绍了武器的制造，对科学技术史的研究也颇有价值。

■ 身穿冠服的仁宗皇后及两位侍女

宋代男子蜡像

行"，仅与服装有关的行业，就有衣行、帽行、鞋行、穿珠行、接绦行、领抹行、钗朵行、纽扣行及修冠子、染梳儿、洗衣服等几十种之多，反映了商业的兴隆。

宋代男子除在朝的官服以外，平日的常服也是很有特色的，常服也叫"私服"。宋官与平民百姓的燕居服形式上没有太大区别，只是在用色上有较为明显的规定和限制。

宋时常服有袍、襦、袄、短褐、裳、直裰、鹤氅等几种。袍有宽袖广身和窄袖窄身两种类型，有官职的穿锦袍，无官职的穿白布袍。襦和袄为平民日常穿用的必备之服。短褐是一种既短又粗的布衣，为贫者服。裳是沿袭上衣下裳古制，男子的长上衣配黄裳，居家时不束带，待客时束带。直裰是一种比较宽大的长衣。鹤氅宽长曳地，是一种用鹤毛与其他鸟毛合捻成绒织成的裘衣，十分贵重。

此外，宋代男式衣着，还有布衫和罗衫。内用的叫汗衫，有交领和领领形式。质料很考究，多用绸缎、纱、罗。颜色有白、青、皂、杏黄、茶褐等。贵族裤子的质地也十分讲究，多以纱、罗、绢、绸、绮、绫，并有平素纹、大提花、小提花等图案装饰，裤色以驼黄、棕、褐为主色。

宋代文人平时喜爱戴造型高而方正的巾帽，身穿宽博的衣衫，以为高雅。宋人称为"高装巾子"，并且常以著名的文人名字命名，如"东坡巾""程子巾""山谷巾"等。也有以含义命名的，如逍遥巾、高士巾等。

《米芾画史》曾说到文士先用紫罗做无顶的头巾，叫作额子，后来中了举人的，用紫纱罗做长顶头巾，以区别于庶人。庶人则由花顶头巾、幅巾发展到逍遥巾。

宋代普通妇女所穿服装有袄、襦、衫、半臂、裙子、裤等服装样式。宋代妇女以裙装穿着为主，但也有长裤。其裤子的形式特别，除了贴身长裤外，还外加多层套裤。

宋代妇女的穿着与汉代妇女相似，都是瘦长、窄袖、交领，下穿各式长裙，颜色淡雅；通常在衣服的外边再穿长袖对襟褙子，褙子的领口及前襟绘绣花边，时称"领抹"。

妇女的襦和袄是基本相似的衣着，形式比较短

举人 本谓被荐举之人。汉代取士，无考试之法，朝廷令郡国臣相荐举贤才，因以"举人"称所举之人。唐宋时有进士科，凡应科目经有司贡举者，通谓之举人。至明清时期，则称乡试中试的人为举人，亦称为大会状、大春元。中了举人叫"发解""发达"，简称"发"。习惯上举人俗称为"老爷"，雅称则为孝廉。

■ 宋代妇女的穿着

道士 是我国道教的神职人员。其中男性的道士称为"乾道"，也称羽士、黄冠等，尊称为道长。女性曰"坤道"，别称女冠。他们依教奉行，履行入教的礼仪，接受各种戒律，过那种被世俗之人视为清苦寂寞而实际上高标清逸的宗教生活。

小，下身配裙子。颜色常以红、紫为主，黄次之。贵者用锦、罗或加刺绣。普通妇女则规定不得用白色、褐色毛缎和淡褐色匹帛制作衣服。

宋代300多年间，女服有些变化。崇宁年间，妇女上衣时兴短而窄；至宣和、靖康年间，女服上衣趋向逼窄贴身，前后左右襞开四缝，以带扣约束，当时称"密四门"。有一种小衣，也是逼窄贴身，左右前后四缝，用纽带扣，称之"便当"。这种形制，到绍兴年间稍有收敛，但到了景定年间又恢复原样。时装样式，多始于内宫，逐渐上行下效，播及远方。

宋代的僧道服也是宋代服装的重要组成部分。早在汉代道教便创立，同时，佛教也传入我国。到了唐宋时期，佛、道二教并驾齐驱。道士的服装主要有道冠、道巾、黄道袍等。

道冠，通常用金属或木材制成，其色尚黄，故称黄冠。后人常以黄冠代指道士。

道巾有9种：混元巾、九梁巾、纯阳巾、太极巾、荷叶巾、靠山巾、唐巾和一字巾。

黄道袍是道士的常服。黄道袍也叫大小衫，大多交领斜襟。他们多穿草鞋。宋代道士保持着古代上衣下裳和簪冠的形制。

据佛教章法规定，佛教僧侣的衣服限于三衣和五衣。三衣，

■ 宋代穿着襦裙的女子

就是佛教比丘穿的3种衣服，包括僧伽梨，是用9条至25条布缝成的大衣；郁多罗僧，是用7条布缝成的上衣；安陀会，是用5条布缝成的内衣。这些衣服布条纵横交错，呈田字形。

■ 道教八卦仙衣服

五衣，指三衣之外加上僧祇支即覆肩衣、厥修罗即裙子。前者，覆左肩，掩两腋，左开右合，长裁过腰，是一块长形衣片，从左肩穿至腰下；后者，把长方形布缝其两边，呈筒形，腰系纽带。

此外还有袈裟，也是佛教法衣，由许多长方形小块布拼缀而成。僧人为了表示苦行，常常拾取别人丢弃的陈旧碎布片，洗净后加以拼缀，称之为百衲衣。它不许用青、黄、赤、白、黑"五正色"及绯、红、紫、绿、碧"五间色"，只许用青色、黑色和木兰色即赤色、不均色。

据《释氏要览》卷上载，百衲衣来源有5种，包括施主衣、无施主衣、死人衣、粪扫衣即人们丢弃的

法衣 道教与佛教的法事专用服装。佛教制度允许出家僧人为养活自身可以持有如法合度的衣服，其中重复衣、上衣、下衣、裙、副裙、掩腋衣、副掩腋衣等13种服装是生活所必需的。不同的衣服应在不同的时间和不同的场合穿用。凡僧尼所穿的被认为不违背戒律、佛法的衣服，皆可称为法衣。

■ 宋代穿法衣的僧人

破衣碎片。法衣是道教法师举行仪式、戒期、斋坛时穿的衣着，有霞衣、净衣等。僧道也穿直裰，以素布制成，对襟大袖，衣缘四周镶有黑边。

在宋代，北方先因契丹族势力强大，后因女真族兴起，胡服流行范围不断扩大。北宋时期，朝廷曾对少数民族服装的传入严加禁止。但事实上，胡服在中原不仅没有灭绝，反而有所蔓延。

在当时，有些妇女的发式效仿女真族，做束发垂头式样，称为"女真妆"。开始于宫中，继而遍及四方。临安舞女则戴茸茸狸帽和窄窄胡衫。南宋时期南方已受到了北方民族服装及生活习俗的影响。

阅读链接

北宋著名画家张择端的《清明上河图》，生动地描绘了北宋首都汴京的情景，其中有各行各业的人物，如官宦、绅士、商贩、农民、医生、胥吏、篙师、缆夫、车夫、船夫、僧人及道士等等。他们穿着各种不同样式的服装：有梳髻的、戴幞头的、裹巾子的、顶席帽的、穿襕袍的、披褙子的、着短衫的等，反映了这个时期平民百姓服装的基本特征。

行业不同，衣着有别。我们从《清明上河图》中人物的服装特征大体可以知道他们从事何种职业。

明代服装样式上采周汉，下取唐宋，集历代华夏服饰之大成，崇古而不泥古，特别是在明代后期，更长于创新流变，成为"汉官威仪"的集中体现者。是华夏近代服装艺术的典范，文化内涵也更加丰富。

清代服装制度多承明代，并参照中原礼制的传统，其冠服体系周详严整，尤其在纹饰上延续了中华传统的衣冠文化。但满族治国者又依恋固有的游牧文化，屡屡强调无改衣冠以保骑射民族之淳朴习性的必要性，所以清代的冠服在汉化的同时，仍在形式上保留了本民族的某些特征。

艺术之美

明代皇帝和贵妇的冠服

据《明实录》记载，1368年正月，明太祖朱元璋着衮冕在国都南郊祭祀天地，定国号为大明，建元洪武。当时的翰林学士陶安等认为，古代天子有五冕，祭天地、宗庙、社稷及诸神时各用相应的冕服，因此奏请皇上按古礼制作。

明太祖则认为冕礼太繁，便规定祭天地、宗庙着衮冕，社稷等祀

■明代亲王冕冠

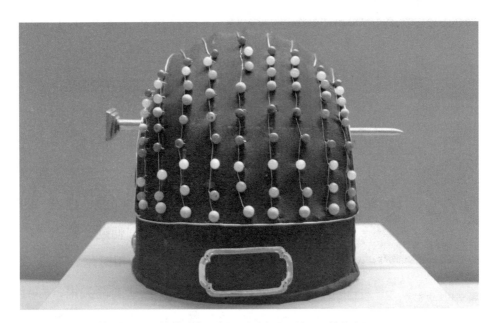

着通天冠、绛纱袍，其余则不用。同年11月，明太祖便下诏，令礼官与儒臣正式议定冠服之制。

■ 明代皮弁冠

后来，皇帝的冠服之制又经过了数次修改。明代皇帝冠服主要包括衮冕、通天冠、燕弁服、皮弁服、武弁服、常服和便服。在这个过程中，包括贵妇冠服也有了新的定制。

衮冕即衮衣和冕，其形制基本承袭古制，与此配套的衮服，由玄衣、黄裳、白罗大带、黄蔽膝、素纱中单、赤舄等配成。是皇帝在祭天地、宗庙等重大庆典活动时穿戴用的正式服装。

通天冠也称高山冠，于1368年定制，与绛纱袍、皂色领、襈、裾的白纱中单、绛纱蔽膝、白色假带、方心曲领、白袜、赤舄配套。为皇帝郊庙、省牲、皇太子冠婚，也就是古代结婚时用酒祭神时所穿。

燕弁服于1528年定制，冠框如皮弁用黑纱装裱。是皇帝平日在宫中居住时所穿。燕弁冠服是明世宗和

玄端 古代的一种黑色礼服，缁布衣。祭祀时，天子、诸侯、士大夫皆服之。玄端为先秦时通用的朝服及士族礼服，是华夏礼服衣裳制度即衣分两截、上衣下裳的体现。后上下连制的服装深衣流行后玄端逐渐废止，后来明代恢复古玄端制而造"燕弁服"。

■ 明代皇帝常服

美丽的服装

马面裙 又名"马面褶裙"，裙类名称，前后共有4个裙门，两两重合，侧面打裥，中间裙门重合而成的光面，俗称"马面"。马面裙始于明朝，延续至民国。明代马面裙较简洁，两侧的褶大而疏，为活褶。有的没有任何装饰，有的装饰底裥。但不重视马面的装饰，多与裙襕一体。

内阁辅臣张璁参考古人所服"玄端"而特别创制的一款服饰，用作皇帝的燕居服。

皮弁服于1529年定制，与绛纱衣、蔽膝、革带、大带、白袜黑舄配套。为皇帝在朔望视朝、降诏、降香、进表、四夷朝贡、外官朝觐、策士、传胪、祭太岁山川时用。

武弁服亦于1529年定制，赤色，上部尖锐，弁身作十二缝，缀五彩玉珠，落落如星状。韨衣、韨裳、韨韐都用赤色，形制与其他礼服相同。佩、绶、革带与其他礼服所用相同，佩、绶及韨韐，都悬挂于革带。舄与裳色相同。玉圭与冕服所用镇圭形制相同，但尺寸略小，玉圭上刻篆文"讨罪安民"4字，不用大带。

明代皇帝常服使用范围最广，如常朝视事、日讲、省牲、谒陵、献俘、大阅等场合均穿常服。皇帝常穿戴乌纱折角向上巾，盘领窄袖袍，束带间用金、玉、琥珀、透犀。皇太子、亲王、世子、郡王的常服形制与皇帝相同，但袍用红色。

便服是日常生活中所穿的休闲服饰。明代皇帝的便服就款式、形制而言，和一般士庶男子并没有太大区别。比较常见的便服样式有：曳撒、贴里、道袍、直身、氅衣、披风等。

曳撒也写作一散。曳撒的形制较为独特，它的前身部分为上下分裁，腰部以上为直领、大襟、右衽，腰部以下形似马面裙，正中为光面，两侧做褶，左右接双摆。后身部分则通裁，不断开。明代前期皇帝日常多穿曳撒。

贴里既可外穿，也可穿在外衣内当作衬衣，如穿常服时，通常在圆领、搭护之下穿着贴里。贴里的形制与曳撒相近，都是上下分作两截，但曳撒只是前襟分裁，后身不断，而贴里则前后襟均断开，腰部以上为直领、大襟、右衽，腰部以下做褶，形似百褶裙，大褶之上通常还有细密的小褶，无马面。衣身两侧不开裾，亦无摆。

道袍又称褶子、海青等，是明代中后期男子最常见的便服款式之一，也可作为衬袍使用。道袍通常的形制为直领、大襟、右衽，小襟用系带一对、大襟用

> **百褶裙** 也称"百裥裙""密裥裙"或"碎折裙"。百褶裙是指裙身由许多细密、垂直的皱褶构成的裙子。明代时，该裙常用青色面料做成，褶多至20余幅，腹下有五彩桃花。这种裙子在中国已有1700多年的历史，《西京杂记》中有记载。

■ 明朝皇帝穿常服与大臣议事的场景

册封 古代，皇帝以勋封爵号授给异姓王、宗族、后妃等，都经过一种仪式，在受封者面前，宣读授给封爵位号的册文，连同印玺一齐授给被封人，称为册封。册封制度的历史十分悠久，早在殷商时期就已经产生。

■ 精美的披风

系带两对作为固定，大袖，收口，衣身左右开裾，前襟两侧各接出一幅内摆，打褶后缝于后襟里侧。内摆的作用主要是遮蔽开裾的部位，使得穿在里面的衣、裤不会在行动时露出来，保持了着装的端庄、严肃。同时，摆上做褶又形成了一定的扩展空间，不会因为内摆连接前后襟而使活动受限。

直身也称直领。直身形似道袍，直领、大襟、右衽，衣襟用系带固定，大袖，收口，衣身两侧开裾，大、小襟及后襟两侧各接一片摆在外，有些会在双摆内再各加两片衬摆。双摆的结构是区分道袍和直身的标志。

氅衣又称鹤氅，是比较传统的便服款式，明代多作为春、秋或冬季的外套，穿于道袍之上，可用来遮风御寒。

氅衣的形制为直领，对襟，大袖，衣襟用长带一对系结，两侧一般不开裾。衣身的用色及纹样没有过多要求，但浅色较多见，领、袖、衣襟均施以深色缘边。与道袍、直身两袖收口的做法不同，氅衣的袖口是敞开的。冬季的氅衣常用羊绒、貂皮等厚实保暖的材料制作。

披风也是明代后期男子比较流行的便服，其功能、材质与氅衣相同，外形也很相似。

披风的形制为直领，对襟，领的长度约为1尺，大袖，敞口，衣身两侧开裾，衣襟可缀系带系结，也可以用花形玉纽扣纽系。披风的领、袖、衣襟均不施深色缘边。

明代皇帝便服没有制度的规定，除细节装饰外，也不强调明显的上下等级之别，多以舒适、实用为主，并随着时代风尚而变化。像庶民男子的小帽，即六合一统帽，因其简单轻便，皇帝日常也戴这种帽子。

明代皇后是最高级别的贵妇。明代皇后的礼服分朝、祭之服，皇后在接受册封、朝会典礼等重大礼仪场合穿着礼服。

1368年，朝廷参考前代制度拟定皇后冠服，以袆衣、九龙九凤冠等作为皇后礼服。

1391年对冠服制度进行了修改，定皇后礼服为九龙四凤冠、翟衣，以及中单、蔽膝、大带、副带等，此后一直沿用。

九龙九凤冠即皇后礼服冠，明初参考宋代皇后龙凤花钗冠而设计，所用饰件虽不如宋代凤冠之繁多，但整体仍十分华丽。

翟衣深青色，材质绫丝、纱、罗随用。衣为直领，大襟，右衽，大袖敞口，领、袖、衣襟等处施以红色缘边，饰金织或彩织云龙纹样。衣身织有翟纹，翟纹之间装饰有小轮花，为圆形花朵，外有白色连珠纹一圈。每行纹样均为翟纹与小轮花交错排列。翟衣身长至足，

明孝靖太后凤冠

不用裳。

中单用玉色纱或线罗制作，领、袖、衣襟等处施红色缘边，领缘织有黻纹。

蔽膝深青色，材质亦纻丝、纱，大带内外两面均为双色拼成，一半青一半红，垂带末端一截则为纯红。带身饰织金云龙纹样。

大带垂带部分与围腰部分连成一体，垂带的末端裁为尖角状，上下两边均施以缘边，上边用朱色缘，下边用绿色缘。另外，围腰部分在开口处缀纽扣一对，不饰假结、假耳。

副带以青绮制成，其所系部位与功能无明确记载，有可能是束在大带之下，用来系挂玉佩。

皇后全套礼服的穿着与皇帝冕服弁服一样比较烦琐，整体形象是：头戴皂罗额子及凤冠；脸施珠翠面花，耳挂珠排环；内着黻领中单，外穿翟衣；腰部束副带、大带、革带；前身正中系蔽膝，后身系大绶；两侧悬挂玉佩及小绶；足穿袜、舄；手持玉谷圭。

此外，明代皇后的常服，包括双凤翊龙冠、龙凤珠翠冠、大衫、霞帔、褙子、鞠衣等。其功能仅次于礼服，用在各类礼仪场合中。如皇后册立之后，具礼服行谢恩礼毕，回宫更换燕居冠服，接受亲眷、六尚女官以及各监局内使的庆贺礼。

皇后的常服，戴龙凤珠翠冠，穿红色大袖衣，衣上加霞帔，红罗长裙，红褙子，首服特髻上加龙凤饰，衣绣有织金龙凤纹，加绣饰。

凤冠是一种以金属丝网为胎，上缀点翠凤凰，并挂有珠宝流苏的礼冠。早在秦汉时期，就已成为太后、皇太后、皇后的规定服饰。

明代凤冠有两种形式，一种是后妃所戴，冠上除缀有凤凰外，还有龙、翚等装饰。如皇后皇冠，缀九龙四凤，大花、小花各十二树；皇妃凤冠九翚四凤，花钗九树，小花也九树。另一种是普通命妇所戴的彩冠，上面不缀龙凤，仅缀珠翟、花钗，但习惯上也称为凤冠。

明代皇帝的后妃服装主要有吉服和便服。吉服用于各类吉庆场合，如节日、宴会、寿诞及其他吉典，便服则是日常生活中的着装。

后妃的吉服和便服都没有严格的制度规定，所用材质、颜色与装饰丰富多样，并随着时代潮流而变化。

明代贵妇冠服还包括命妇冠服。命妇冠服于1368年制定，自一品至五品衣色用紫，六品和七品衣色用绯。

1371年，因为文武官都改用梁冠绛衣为朝服，不用冕，故命妇亦不用翟衣，改以山松特髻、假鬓花钿、真红大袖衣、珠翠蹙金、霞帔为朝服。

大明帝国皇帝和贵妇的冠服，其样式、等级、穿着礼仪可谓由简洁到繁缛，变化多样，是我国服装艺术的重要组成部分，极大地丰富了我国古代服装文化的内涵。

阅读链接

明代的官服中有一种服装称作青袍，即青色圆领，为明代皇帝在帝后忌辰、丧礼期间或谒陵、祭祀等场合所穿。

青服圆领素而无纹，不饰团龙补子等，革带用黑牛角带銙，深青色带鞓。

据《明实录》记载，明嘉靖年间，有一次太庙火灾，明世宗青服御奉天门，百官亦青服致词行奉慰礼。万历年间，有一年大旱，明神宗也着青服，由宫中步行至圜丘祈雨，用绘画形式表现官员履历的《徐显卿宦迹图》还将这个历史场景用绘画的形式记录了下来。

明代的巾帽和舄履制式

明代乌纱翼善冠

明代普通人常用的巾幅名目较多，有些是唐、宋传留下来的，有些是辽、金、元等游牧民族流传到中原地区，沿用到明代的，还有一些是明代新创的。例如方巾、网巾、四周巾、纯阳巾、老人巾等等，都是明代出现的巾式。

方巾就是模仿古代角巾的变种，很受人们的喜爱。网巾是一种用黑色细绳、马尾鬃丝或头发编结成的网状物，网口上下用帛包边，两侧包边上固定有玉或金属小圈，两边各系小绳交穿于小圈内，上面束于顶发，下面同样用绳固定在头部，故又名"一统山河"或"一统天和"。网巾的作用是可以保持头发不乱。

明代官服戴纱帽笼巾，下面多先戴网巾，起到约发作用。天启时，削去网带，止束下网，名为"懒收网"。

另外还有四周巾、纯阳巾、老人巾、将巾和结巾、两仪巾、万字巾、凿子巾、凌云巾等。

四周巾用2尺多的幅帛裹头，余幅后垂，为燕居之饰。纯阳巾顶部用帛叠成一寸宽的硬褶，叠好后像一排竹简垂之于后，以八仙中的吕洞宾号纯阳名之。

■ 吕洞宾陶像

老人巾是明初始兴的巾样，明太祖用手将顶部按成前仰后俯状，然后依样改制之，唯老年人所戴，故称老年巾。将巾和结巾，都是用尺帛裹头，又缀片帛于后，其末端下垂，俗称扎巾。两仪巾后垂飞叶两片。万字巾上阔下狭形如万字。凿子巾即唐巾去掉带子。凌云巾因形状特别诡异，故被禁用。

明代的帽子有很多种类，有瓜皮帽、软帽、乌纱帽、烟墩帽、边鼓帽、瓦楞帽、参檐帽、莎草帽、大帽、毡笠、鞑帽和方顶笠子等。

明代民间最流行的是瓜皮帽，当时称六合一统帽或小帽，是用6块罗帛缝拼，六瓣合缝，下有帽檐，当时南方百姓冬天都戴它。明代有严格规定，瓜皮帽

纱帽 古代君主、官员戴的一种帽子，用纱制成。明代开国皇帝朱元璋定都南京后，于洪武三年（1370年）做出规定：凡文武百官上朝和办公时，一律要戴乌纱帽，穿圆领衫，束腰带。另外，取得功名而未授官职的状元、进士，也可戴乌纱帽。从此，"乌纱帽"遂成为官员的代名词。

顶只许用水晶、香木制成。

软帽是用一块圆形布帛做帽顶，下缝布帛帽圈而成的便帽，后垂双带，广州东山梅花村明戴缙墓曾出土此种软帽。与江苏扬州明墓出土的儒巾款式基本相同。

乌纱帽是用乌纱制作的圆顶官帽，东晋时期已有。隋代帝王贵臣多穿戴黄色纹绫袍、乌纱帽、九环带、乌皮靴，后渐行于民间。唐代风行折上巾，乌纱帽渐废。

明代幞头形制乌纱帽为百官公服，上海卢湾区明潘氏墓曾有乌纱帽实物出土。北京定陵出土明万历皇帝所戴翼善冠，则是唐代乌纱折上巾的发展。

烟墩帽直檐而顶稍细，上缀金蟒或珠玉帽顶。冬用鹤绒或纻丝、绉、纱制作，夏用马尾结成，为内臣所戴，四川阳城明墓有戴烟墩帽俑出土。

边鼓帽是一种长尖顶带檐的圆帽，属于元代遗制，为一般市井少年、平民、仆役等常戴，明嘉靖时极流行，清代亦常见。

瓦楞帽因其帽顶折叠似瓦楞，故名。或用牛马尾编结。嘉靖初生员戴之，后民间富者亦戴。

■明代云头如意凉帽

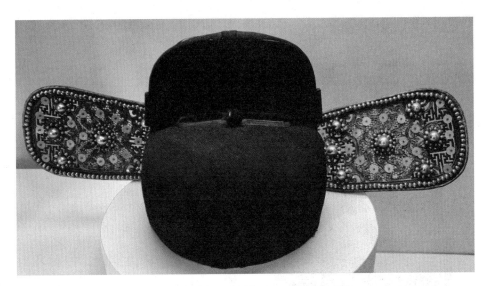

麦檐帽为圆帽顶，帽檐外麦如钺笠，可以遮阳。圆帽是元世祖出猎时因日光射目，以树叶置帽前，其后雍古剌拉氏用毡片置帽子前后，即麦檐帽。明宣宗行乐图、明宪宗行乐图画帝王便服，也戴这种帽子。

■ 明朝官员戴的青绉绸忠纱帽

莎草帽又名夫须，用莎草皮编为笠，用以避雨，皇帝所戴。

大帽是明太祖赐人之物。明太祖见生员在烈日中上班，就赐遮阳帽，形如烟墩帽而有帽檐。

毡笠帽形尖圆而有帽顶，卷帽檐前高后低，为游牧民族传统帽式。

鞑帽用皮子缝成瓜皮帽形，帽顶挂兽皮为饰，帽檐缘毛皮出锋，此亦游牧民族传统帽式。

方顶笠子为明代农民所戴，多劈细竹篾做胎，外罩马尾漆纱罗。元代笠子帽做方顶式，蒙古族中层官吏所戴，明弘治刻本《李孝美墨谱》所画制墨工人都戴此种笠子。

明代巾帽种类繁多，官服冠帽，传承唐宋遗制而

生员 唐代国学及州、县学规定学生员额，因称生员。明、清指经过各级考试入府、州、县学者，通名生员，俗称秀才，亦称诸生。生员常受本地教官包括教授、学正、教谕、训导等及明的学道、清的学政监督考核。生员的名目分廪膳生、增广生、附生。生员见官可以不拜。

明代女子绣花鞋

形制更趋繁丽，一般巾帽则常保持元代蒙古族状貌，因其造型简约而适用。

明代履制中，包括靴、舄、高跟鞋、福字履、雨鞋，还有镶边云头履、蒲鞋和尖头弓鞋。

明代皇帝常服穿皮靴，冬穿镶绣口毡靴，教坊及御前供奉者、儒士生员许穿靴，校尉和力士值勤时许穿靴，若出外则不许穿。庶民、商贾、技艺、步军及余丁等都不许穿靴。

我国北方寒冷，宫中冬天许穿生牛皮制的直缝靴，以及薄底黑皮靴。南方冬天也可以穿毡靴，在江苏扬州明墓中曾有实物出土。

阅读链接

明代人所戴的帽子，与明太祖朱元璋有很大关系。据明代藏书家郎瑛《七修类稿》记载，明太祖曾经召见浙江山阴著名诗人杨维祯，杨维祯戴着方顶大巾去谒见，明太祖问杨维祯戴的是什么巾，杨维祯答道叫四方平定巾，明太祖听了大喜，就让众官也戴这种方巾。

《七修类稿》中还记载说，明太祖驾临神乐观，见有道士于灯下结网巾，就问做的是什么，道士答是网巾。第二天，明太祖就命此道士为道官，并取网巾颁告天下，使人不分贵贱皆可戴之。

清代皇帝和皇后的服装

　　清王朝是由满族人建立的我国历史上第二个少数民族统一政权，也是我国最后一个封建帝制国家。清代皇帝的官服及皇后的服装，具有典型民族风格和时代特色。

　　在我国古籍《周礼》中，将天子的衣、冠规定为"黄裳"和"玄冠"，寓意天子受命于天，非凡人，所以，其服装的颜色应合于《易经》中所说的"天地玄黄"之色。以明黄色为主的皇帝服饰，也贯穿清代始终。但清代皇帝服饰的披领、箭袖和腰带，却保留了满族独特的风格。

　　清代皇帝的官服基本上分为三大

■康熙朝服像

美
丽
的
服
装

■ 清紫地龙纹织锦
朝服

天地玄黄 出自于
《易经》。玄，
即天道高远，像
老子说的，形而
上的天道的理
体，玄之又玄，
深不可测。所以
叫天玄。黄，即
炎黄文化，黄帝
以及土的颜色，
人的肤色，农作
物黍、稷都是黄
的，所以说地
黄。天道高远，
地道深邃，黄也
代表地道的深
邃。两者都属于
我国传统文化。

类，即礼服、吉服和便服。礼服包括朝服、朝冠、端罩、衮服、补服；吉服包括吉服冠、龙袍、龙褂；便服即常服，是在典制规定以外的平常之服。

礼服中的朝服是皇帝在重大典礼活动时最常穿着的典制服装。皇帝朝服及所戴的冠，分冬夏二式。冬夏朝服区别主要在衣服的边缘，春夏用缎，秋冬用珍贵皮毛为缘饰之。

朝服基本款式是披领和上衣下裳相连的袍裙相配而成。上衣衣袖由袖身、熨褶素接袖、马蹄袖3部分组成；下裳与上衣相接处有褶裥，其右侧有正方形的衽，是皇帝的朝袍，腰间有腰帏。朝服的颜色以黄色为主，而披须、马蹄袖是清代朝服的显著特色。

在隆重的典礼上，皇帝视朝、臣属入朝时所穿的礼服，即为朝觐之服，成为名副其实的朝服了。特别是满族传统服装的马蹄袖，入关后虽然失去实际作用，但却作为满族行"君臣大礼"时的行礼动作需要而得以保留。

马蹄袖又称箭袖，平时挽起呈马蹄形，一遇到行礼之时，敏捷地将"袖头"翻下来，然后或行半礼或行全礼。这种礼节在清代定都北京以后，已不限于满族，汉族也以此为礼，以示注重守礼。

因箭袖的这一特殊功能，清代的吉服、便服也都设计了箭袖。即使是平袖口的服装，也要特意单做几副质料较好的箭袖"套袖"，以备需要时套在平袖之上，用过之后脱下。这种灵活、方便的"套袖"还有个蛮好听的名称，叫作"龙吞口"。

皇帝的龙袍属于吉服范畴，比朝服、衮服等礼服略次一等，平时较多穿着。穿龙袍时，必须戴吉服冠，束吉服带及挂朝珠。龙袍以明黄色为主也可用金黄、杏黄等色。每件龙袍上绣有9条龙，而从正面或背面单独看时，所看见的都是5条龙，与"九五"之数正好相吻合。

另外，龙袍的下摆，斜向排列着许多弯曲的线条，名谓水脚。水脚之上，还有许多波浪翻滚的水浪，水浪之上，又立有山石宝物，俗称"海水江涯"，它除了表示绵延不断的吉祥含意之外，还有"一统山河"和"万世升平"的寓意。

皇帝在平常日子穿便服，又称常服。皇帝在宫中穿常服时间最多，如经筵、御门听政、恭上尊谥、恭捧册宝都是穿着常服活动的。

■ 康熙便装像

常服有常服袍和常服褂两种，其颜色、纹饰没有特殊的规定，随皇帝所欲。

皇帝的便服也多选天蓝色、宝蓝色。就连皇帝的礼服、吉服，里衬也是用天蓝或月白色。清代宫廷崇尚蓝色，乾隆、嘉庆朝都有这种颜色的便服。

直到道光年间仍为流行颜色。

清代女贵族穿着的礼服较为烦琐，同时也更能反映出保留的许多满族服装旧俗。以皇后礼服为例，有朝冠、朝服、朝褂等。

皇后朝冠除中央顶饰3层金凤外，朱纬上还缀一周金凤7只和金雀1只，位于后面的金雀向脑后垂珠为饰。

皇后朝服与皇帝朝服有明显区别：肩部袭朝褂处加缘，披领及袖皆石青色，不饰十二章，所饰龙纹亦分布不同。

朝褂即后妃及贵族女性在朝会、祭祀等仪礼场合套在朝袍外面的礼褂。清代后妃的朝褂形制大致分3种，皇太后、皇后、皇贵妃朝褂饰五爪金龙纹，贵妃、妃、嫔朝褂饰五爪蟒纹。皇子福晋以下朝褂形制只一种，皆饰蟒纹。

皇太后、皇后的礼服等级完全一样，而皇贵妃的礼服稍次一等，贵妃以下袍服皆用金黄色，其余饰品等级递降。

此外，皇后常服样式，与满族贵妇服饰基本相似，圆领、大襟，衣领、衣袖及衣襟边缘，都饰有宽花边，只是图案有所不同。

氅衣则左右开衩开至腋下，开衩的顶端必饰有云头，且氅衣的纹样也更加华丽，边饰的镶滚更为讲究。纹样品种繁多，并有各自的含义。同样体现了典型的民族风格和时代特色。

阅读链接

清代朝服的形式与满族长期的生活习惯有关。为方便骑马射箭活动自如，满族服装的形式采用宽大的长袍和瘦窄的衣袖相结合，总的特点是长袍箭袖。

清入关后，生活环境发生了变化，长袍箭袖已失去实际作用。清代前期的几位皇帝认为：衣冠之制关系重大，它关系到一个民族的盛衰兴亡。到乾隆帝时进一步认识到，前代诸君不循国俗，致使衣冠传之未久。因此，清代的服饰不但没有改变，还在不断恢复完善，最终以典章制度的形式确定下来。

清代做工精良的甲胄特色

崇尚武功，是清代初期的传统，确立了大阅、行围制度，作为倡导骑射之风的措施。皇太极亲自参与制定了大阅制度，顺治时确定每3年举行一次大检阅典礼，由皇帝全面检阅八旗军队的军事装备和武功技艺。

在当时，八旗军队按旗排列，披铠戴甲，依次在皇帝面前表演火炮、鸟枪、骑射、布阵、云梯等各种技艺。

清代除满八旗外，在蒙古族中设蒙古八旗，在汉族设汉

清代士兵蜡像

美
丽
的
服
装

■ 沈阳故宫八旗军服

泡钉 主要用于
服装和器具，起
到加固及装饰的
作用，比如我国
古代常用的鼓、
马鞍和铠甲等。
泡钉用于服装在
我国历史悠久，
后来秦陵考古发
现的形制特别的
"泡钉俑"十分
引人注目。他们
身着以圆泡钉作
为装饰的衣服，
成为后来在官兵
的铠甲上普遍使
用泡钉的始作俑
者。比如我国清
代官兵的铠甲上
的泡钉，既有装
饰效果，又起到
了在实战中保护
身体的作用。

军八旗，参加大阅兵的共有二十四旗。

自康熙时起，皇帝每年都通过围猎的形式，组织
几次大规模的军事演习，以训练军队的实战本领。并
把围猎、大阅的礼仪、形式、地点、服装等都列入典
章制度。清代皇帝和宗室大臣，凡参加这种活动的，
也都要穿盔帽和铠甲。

清代普通的盔帽，不论是用铁或用皮革制成，都
在表面髹漆。盔帽前后左右各有一梁，额前正中突出
一块遮眉，其上有舞擎及覆碗，碗上有形似酒盅的盔
盘，盔盘中间竖有一根插缨枪、雕翎或獭尾用的铜管
或铁管。后面垂有石青等色的丝绸护领、护颈及护
耳，上绣纹饰，并缀以铜或铁泡钉。

清代铠甲分甲衣和围裳。甲衣肩上装有护肩，护
肩下有护腋；另在胸前和背后各佩一块金属的护心
镜，镜下前襟的接缝处另佩一块梯形护腹，名叫"前

裆"。腰间左侧佩"左裆"，右侧不佩裆，留作佩弓箭囊等用。

围裳分成左、右两幅，穿时以带系于腰间。在两幅围裳之间正中接缝处，覆有质料相同的虎头蔽膝。

以上这些配件除护肩用带子联结外，其余均用纽扣相连。穿戴时从下而上，先穿围裳，再穿甲衣，待佩上各种配件后，再戴盔帽。

清代甲胄制作精良，尤其皇帝甲胄，更是精工细作，从北京故宫博物院保藏着的一套乾隆时制成的金银珠云龙纹甲胄中，可见一斑。

这套甲胄通身闪烁着金龙，有正龙、升龙、行龙等16条。甲分上衣下裳，衣长73厘米，裳长61厘米。衣包括领、袖、护肩、护腋、护裆；裳分左右。总共为12部件。

衣前胸有正龙1条，升龙2条，后背有正龙1条，左右袖各有正龙1条，袖口行龙1条，左右护肩、左右护腋、前裆、左裆各有正龙1条。左右裳亦各有正龙1条，并有云朵、海水江涯。衣领上嵌有"大清乾隆御用"金色铭文。

胄以皮胎髹黑漆，镶有金、珠装饰，周围饰龙纹，并以梵文与璎珞相间。胄顶以金累丝为座，嵌红宝石及大珍珠70余颗。胄的护颈、护耳、护项各饰龙纹1条。

这套甲是用小钢片连缀而成，表面只露金、银、铜、黑四色圆珠组成的云龙图案，重15.4千克。它是乾清宫养心殿造

■乾隆戎装画像

办处制造的，自1761年开工，至1764年完成。用材有芜湖钢、金叶、银叶、红铜叶、黑漆等。

制作过程是先将芜湖钢打成厚约1毫米、长4毫米的小钢片，将小钢片的一端凿成半圆珠形，并分别包上金叶、银叶、铜叶或涂上黑漆，另一端钻一个供穿线连接的小孔，然后将它们组成云龙，一排排地用线穿钉在底衬上。底子银色，龙身金色，龙发、龙须、龙尾铜色，钩边线为黑色。

整套甲胄共用60万颗小钢片穿连而成，甲里铺丝绵和绸衬里。在制作过程中，先试做成一块钢片，乾隆帝见到钢的颜色不够华贵，指示要改为金、银、铜、黑四色，后来做了试样，验明4种颜色不变，才正式制作。

以上情况，在清宫造办处"活计档"有详细记载。这件珍贵的甲胄，既非皇帝戎装，也非大阅礼时穿戴，不过是提供皇帝赏玩的珍品。其工艺之精巧，可谓稀世珍宝。

清代八旗官兵的甲胄，胄用皮革制成，涂黑漆，显得坚实厚重。此服供大阅兵时穿用，平时收藏起来。

阅读链接

清兵服装后背上分别标有"兵"和"勇"代表着不同的群体。"兵"是国家的常备武装力量，包括八旗军和绿营军。八旗军为满兵，绿营兵则是由汉人组成的汉兵。

"勇"也是兵的一种。是雍正、乾隆朝后若遇有战事，八旗和绿营兵不足而临时招募的军队，战事结束后立即解散，不是国家的常备军队，即使战时有功的官兵也不会留用。直到曾国藩兴办团练，才改非正式的乡勇为练勇，即湘军。从此，"勇"基本代替了"兵"成为国家的正规军主力。